NHK
趣味园艺

3

绣 球
12 月栽培笔记

[日] 川原田邦彦 ◎ 著

袁　蒙 ◎ 译

机械工业出版社
CHINA MACHINE PRESS

NP-M.Tanaka

NP-M.Tanaka

12 月
栽培笔记
Hydrangea

目录

Contents

12 月栽培笔记　43

绣球栽培的基本要领　82

NP-A.Tokue

NP-A.Tokue

NP-A.Tokue

本书的使用方法

小指南

我是"NHK 趣味园艺"的导读者，这套丛书专为大家介绍每月的栽培方法。其实心里有点小紧张，不知能否胜任每种植物的介绍。

本书主要介绍了绣球的栽培知识，并以月份为轴线，详细介绍了每个月的主要任务和养护要点。此外，本书还介绍了绣球主要的种类、品种，以及病虫害的预防和治疗方法等。

※「来种植绣球吧」（第16~39页）

介绍了绣球主要的系统及代表性品种，以及栽培前需要了解的要点等。

※「12 月栽培笔记」（第43~81页）

介绍了每个月的主要工作和管理要点，具体分为新手必做的工作 **基本** 和针对有能力的中级、高级园艺爱好者的工作 **挑战**。主要任务的具体步骤也按照其适合操作的月份依次进行了介绍。

本月主要工作列表 ◄

基本

新手必做的工作

挑战

中级、高级园艺爱好者在有能力的情况下可进行尝试

► **本月养护要点列表**

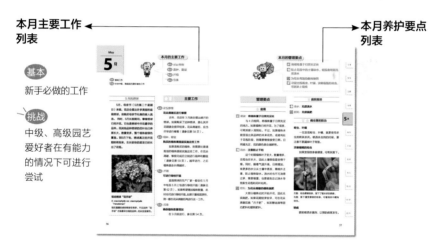

※「绣球栽培的基本要领」（第82~87页）

介绍了绣球的基本栽培方法。

※「问答 Q&A」（第88~93页）

回答了绣球栽培的常见疑问。

● 本书的内容是以日本关东以西地区为基准（译注：气候类似我国长江流域）进行介绍的，根据各地区及气候的不同，绣球的生长情况、开花期、各种栽培工作的最佳时期也会有所变化。此外，浇水、施肥的量仅为参考值，请根据植物生长情况进行适当调整。

● 在购买和使用适合绣球病虫害的药剂时，请仔细确认包装上的适用症状说明。

绣球的魅力
及丰富的品种

绣球的花序形状和颜色都很丰富，易于成活。
本章将为您介绍绣球栽培的要领及绣球的品种。

Hydrangea

绣球一直深受人们的喜爱

装点日本的四季

说起绣球，很多人首先会想到在梅雨季节的庭院里绽放的球形绣球花。绣球花的颜色很多，有蓝色、紫色、白色、粉色、红色等。也有人认为，最具代表性的其实并不是这种球形绣球，而是只在边缘开花的山绣球（花边绣球）。

绣球既可庭院栽培，也可盆栽，一直深受日本人的喜爱。同时，日本本地有许多不同的原生品种。绣球已经成为日本四季的代表性植物。

在分类学上的归属

绣球一直被认为是一种虎耳草科绣球属落叶灌木植物[一]，不过近来有许多学者提出，应将其归入绣球科绣球属。这种分类法由比利时植物学家于 1829 年提出，进入 20 世纪 80 年代后得到了广泛认可。现在，越来越多的学者将草本型绣球归入虎耳草科，将木本型绣球归入绣球科。

20 世纪 90 年代出现了依据分子证据的 APG 分类系统。在这一分类系统中，绣球被归入了绣球科绣球属。

日本本地原生的 14 个绣球品种

目前，已知属于绣球属（*Hydrangea*）的植物约有 75 种，分布在日本、东南亚、印度、北非等国家和地区，山绣球、锐齿绣球（泽八仙花）等 14 种绣球为日本本地原生的品种（请参见第 39 页）。这其中，山绣球、玉绣球为日本特有品种，据考证，自日本奈良时代（公元 710—794 年）起就开始种植。

日本常种植的 4 类绣球

日本常种植的绣球可以分为以下 4 大类：

1. 山绣球（花边绣球）

在日本，无论庭院栽培还是盆栽，山绣球都是种植最广泛的品种。山绣球是绣球中最为基本的品种（*Hydrangea macrophylla* var. *normalis*），仅在边缘一圈开花。球形绣球其实是山绣球的变种[二]，其两性花全部变为了装饰花，其中部分品种为了与其他绣球区别开来，也被称为绣球（原变种，*H. macrophylla* var. *macrophylla*）。

[一] 也有例外，如常绿的八重山绀照木（见第 39 页）。

[二] 变种（variety=var.）是亚种（subspecies=subsp.）的下一级，有时也指变种下一级的品种（forma=f.）。

山绣球主要生长于日本关东地区、伊豆七岛、小笠原群岛、东海市、四国（足摺岬）和九州（南部）沿海等地区。

2. 锐齿绣球

锐齿绣球深受绣球爱好者们的欢迎，是一种高60~100cm的落叶小灌木，花序既有花边形的，也有球形的。与山绣球相比，锐齿绣球的叶子呈长椭圆形，较薄，没有光泽，枝条较细。锐齿绣球广泛分布于日本北海道至九州地区的山林河谷间。

3. 园艺品种

5月的第二个星期日是母亲节。这天，很多人都会购买盆栽绣球作为礼物。而这些大多是在日本绣球基础上改良的品种，其性质与一般的绣球基本相同。

4. 外国的绣球品种

外国的绣球品种常被用来装饰西式庭院。北美原产栎叶绣球中，单瓣的"冰雪女王"和重瓣的"雪花"最具代表性。另外，美国的绣球品种"安娜贝尔"为白色球形大花，也非常受欢迎。

○ 后文中的花瓣多指萼片。

花边形与球形

绣球花序基本上可以分为花边形和球形两种。其中，山绣球为基本品种，中间为两性花，外侧为装饰花（无性花）。这些装饰花的花瓣其实是"萼片○"。两性花没有大的花瓣，由雄蕊和雌蕊组成，可结种子。有的球形绣球只有装饰花，有的则是两性花隐藏在装饰花之间，不容易被看见。

球形

装饰花

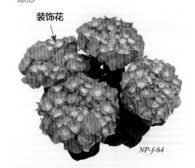

NP-f-64

花边形

装饰花

NP-Y.Itoh

两性花

绣球花会变色

酸碱度与颜色的关系

大部分的绣球在酸性土壤中生长会开出蓝花，在碱性土壤中生长，花色则会变为粉色、红色。

绣球花的细胞中所含花青素原本为红色，当与铝离子结合时，就会呈现出蓝色。酸性土壤中的铝离子易溶于水，被植株吸收。铝离子与花青素结合后，便使绣球花呈现蓝色。

相反，碱性土壤中的铝离子不易溶于水，植株无法吸收，因此呈现出花青素本来的颜色，即绣球花呈现粉色、红色。

颜色的变化是否可以控制

在日本，蓝色的绣球居多，而传到欧洲后经过改良的品种大多为红色。这主要是因为，日本的土壤多呈弱酸

不同的土壤酸碱度导致的花色变化

锐齿绣球"黑姬"

酸性

碱性

绣球"城崎"

酸性

碱性

若绣球种在混凝土围墙旁边，受水泥材料的影响，土壤呈碱性，因此花朵的颜色也容易变成粉色或红色。

性或酸性，而欧洲的土壤呈弱碱性。

那么，是不是可以通过调节土壤酸碱度，让绣球花呈现想要的颜色呢？

如果想让土壤呈碱性，可以混入一些石灰，如苦土石灰（译注：白云石粉）、消石灰（译注：氢氧化钙）等。不过，日本雨水多，如果在庭院的土壤中加入石灰（含钙元素）或苦土（含镁元素），会被雨水冲走，很难达到理想效果。

相比之下，花盆里的土壤有限，同时浇水量也能自行调节，因此土壤的酸碱度比较好控制。可根据第10页所示配方，调节花盆里的土壤，让绣球开出想要的颜色。不过，不同品种的绣球，出现的效果也不尽相同。例如，有的品种在中性土壤中也只开浅粉色的花朵。

如果想同时调节庭院内和花盆里种植的绣球的花色，则比较困难。

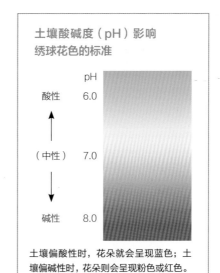

土壤酸碱度（pH）影响绣球花色的标准

	pH
酸性	6.0
↑	
（中性）	7.0
↓	
碱性	8.0

土壤偏酸性时，花朵就会呈现蓝色；土壤偏碱性时，花朵则会呈现粉色或红色。

绣球花会变色

调整花盆土壤的酸碱度

1. 让绣球开出蓝花

使用酸性土壤，并配合使用磷酸成分含量较低的肥料。

● 土壤　4份小粒赤玉土、4份泥炭藓、2份膨胀蛭石的混合土

最好使用富含钾的肥料，如施油渣等完全腐熟的肥料；同时注意不要使用含磷酸成分较多的肥料。有的固体发酵油渣中含有骨粉，其中磷酸成分含量较高，尽量不要使用。

2. 让绣球开出粉花、红花

使用中性、弱碱性土壤，并配合使用磷酸成分含量较高的肥料。

● 土壤　4份小粒赤玉土、4份腐叶土、2份膨胀蛭石的混合土

最好使用富含氮、磷的肥料。例如，在油渣发酵后形成的固态肥料内掺入骨粉或鱼粉。尽量不要使用富含钾元素的肥料。

另外，市面上也可以买到培植蓝色及红色绣球花的专用肥料（请参见第83页）。

3. 使用药剂或石灰材料

如果不换土，也可使用药剂或石灰材料，调整绣球生长土壤的酸碱度。需要注意的是，下面介绍的几种方法，如果过度使用都会对植物根部造成伤害。

如果想让绣球开蓝花，可在其开花前的4—5月，向根部施500~1000倍标准浓度的硫酸铝溶液，每20天施2、3次。

如果想让绣球开红花或粉花，则可在4—5月，向根部施苦土石灰。如果是5号花盆⊖，大约需要施一把的量。

调整庭院土壤的酸碱度

使用市面上出售的工具测量庭院土壤的酸碱度，如果土壤偏酸性，并且想让绣球开蓝花，可施蓝花专用肥料或硫酸铵等酸性肥料。如果土壤偏碱性，并且想让绣球开红花，可施红花专用肥料，也可在萌芽前或开花前的5月左右，向每株绣球施一把苦土石灰。

不过，日本多雨，土壤易偏酸性，因此很难将庭院土壤的酸碱度调至理想状态。

⊖ 一般花盆的号数约是花盆直径（单位为厘米）的1/3，即5号花盆的直径约为15cm。

NP-K.Tsuda

英国庭院里的绣球。欧洲土壤多为弱碱性，因此绣球花多为粉色或红色。

测量庭院、花盆土壤的酸碱度

利用市面上出售的工具，可以轻松测量庭院、花盆土壤的酸碱度。有的是将 pH 试纸插入土壤溶液上层澄清的部分，有的则是使用药剂进行测量。之后可将试纸颜色与酸碱度对照表进行比对，确定土壤酸碱度。

NP-M.Fukuda

将 pH 试纸插入土壤溶液上层澄清的部分，之后比对颜色，确定酸碱度。

NP-M.Fukuda

将庭院土壤加入水中，滴入测试药剂后溶液颜色会发生变化，之后比对颜色，确定酸碱度。

绣球花的颜色还有其他变化

从开花到凋谢，绣球花的颜色都会发生变化，这也是观赏绣球的一大乐趣。开花伊始，绣球花一般为白绿色，之后渐渐变为品种特有的颜色，快要凋谢时变为绿色，最后则变为红色或紫色。这种颜色的变化与土壤的酸碱度并没有关系。

白色的绣球花花色不会随着土壤酸碱度的调整而改变。不过，在临近凋谢时，酸性土壤里的白色绣球花会带有些许蓝色，而碱性土壤里的则会带有些许红色。

这种变色的原理非常复杂，根据品种不同也存在差异。除了土壤酸碱度以外，花色变化也会受到其他条件的影响。因此，绣球花变色的原理至今尚未完全阐明。

日照量与绣球花颜色的变化

锐齿绣球"红"花朵为红色，在强烈的日照下会变为鲜红色（左图），在背阴处则会变为白色（右图），仿佛两个截然不同的品种。而土壤的酸碱度却不会对其花色产生影响。

NP-A.Tokue

NP-A.Tokue

11

绣球之趣

世界上最受喜爱的花木

绣球是世界上生产量最大的花木，这恐怕令很多人大吃一惊。在日本，每当5月初母亲节临近时，花店门口总是摆满了各种颜色的盆栽绣球，可以说绣球是最受欢迎的母亲节礼物。绣球在世界范围内人气很高，是盆栽和庭院栽培必不可少的花木。

种植绣球的乐趣

1. 绣球具有多样性

绣球可分为花边形和球形，花色有蓝色、紫色、粉色、红色、白色、绿色。其种类也很丰富，除了知名赏花景点常见的绣球（原变种）、山绣球外，还有花朵较小、纤细柔嫩的锐齿绣球、北美品种栎叶绣球等，有盆栽的，也有庭院栽培的，各具特色。

2. 紧凑种植

绣球为小灌木，枝干长不高，种在庭院里，矮小而紧凑。在有限的空间里，可集中种植喜爱的品种，或者与其他植物组合，装点庭院。

3. 易于成活

许多绣球品种为日本本地原生，如山绣球、锐齿绣球等。据此改良的园艺品种也继承了其原有习性，容易在日本成活。只要掌握几个关键的种植诀窍，就能让绣球茁壮成长，年年开花。

装点西式庭院。右侧为"苏西（Susie）"，左侧为"绿影"。

NP-M.Tanaka

开花的盆栽绣球装点身边的空间，如阳台、露台等。人们通常认为绣球喜阴，但其实绣球在日照充足的环境下才能生长得更加茁壮。

NP-M.Tanaka

绣球"欢舞派对（Dance Party Happy）"。收到他人送的盆栽绣球，将其翻盆至比原盆大一两圈的陶盆或塑料盆里，可使花苗整体感觉焕然一新，长势也会更好。翻盆时不要破坏植株根部的土球。

13

NP-M.Tanaka

图中山绣球对侧的是球形
绣球。将不同花序形状和
花色的品种混种在一起，
相映成趣。

混栽的斑叶攀缘绣球（右
图中部）。在绣球盆栽中
种植一些有斑纹的和颜色
丰富的植物，在绣球不开
花的季节也很好看。

NP-A.Tokue

大株的绣球与绿色的草坪很配。绣球是小灌木，不会长得
高过人的视线，因此欣赏起来也很方便。

NP-A.Tokue

锐齿绣球的花坛，种有"舞伎""甘茶""七段花""清澄""白扇""白鸟"和虾夷绣球"四季开放的公主"等。此外还混栽了风知草、六道木、落新妇、地榆和洋常春藤等植物。

NP-A.Tokue

与日式庭院相得益彰的绣球

有石灯笼和万年青的庭院，非常适合种一些小小的锐齿绣球。锐齿绣球中，有一些品种为花边形，而且花序很小，如"九重山""静香""剑之舞""富士瀑布""桃色泽""绿衣"等；还有一些小型品种，如"甘茶""灰（Crey）""黑姬""七段花""东云""深山八重紫"等。也有一些品种为球形，如特别小的"白舞伎""白扇""羽衣之舞""舞伎"；另外，"伊予狮子手球""新宫手球""别子手球"等也为球形。

另外，小攀缘绣球、攀缘绣球等树形植

小型盆栽锐齿绣球"舞伎"，开花后利用当年新长的绿枝扦插栽培而得。可将生长充分的枝条当作插穗嫁接，第二年会长成一小株，也会开花。

NP-S.Maruyama

物会像珍珠绣线菊一样枝条下垂，搭配起来更加有趣味。

来种植绣球吧
日本的绣球

山绣球、绣球（原变种）系统

山绣球（*H. macrophylla* var. *normalis*）是绣球的基本品种，生长于日本关东地区、伊豆七岛、小笠原群岛、东海市、四国（足摺岬）和九州（南部）沿海等地区。如其名所示，山绣球的花序周围长有一圈花边状的装饰花。山绣球上的两性花和装饰花（无性花）都呈蓝紫色，有光泽。

球形绣球上的两性花都变为了装饰花，呈圆球形，是山绣球的一个变种。

K.Kawarada

↑绣球（原变种）

H. macrophylla var. *macrophylla*

其实并没有一种绣球叫作绣球（原变种），这种叫法只是为了将其与山绣球区别开来。这种绣球的装饰花为蓝色，较大德国植物学家西博尔德有一段有关绣球的故事，非常有名（请参见第74页）。

↓山绣球

H. macrophylla var. *normalis*

绣球的基本品种，图为白色花。

K.Kawarada

↓城崎

H. macrophylla var. *normalis* 'Jogasaki'

两性花和装饰花都是浅蓝色，装饰花为重瓣，发现于日本伊豆半岛东部的城崎附近，是当地原生品种，也是很多品种的杂交亲本。

NP-Y.Itoh

K.Kawarada

K.Kawarada

↑托马斯·霍格

H. macrophylla var. *macrophylla*
'Thomas Hogg'

很久以前就被人们熟知的日本品种，装饰花最初为白色，但随后变为蓝色，接受日照后又会变为红色，植株长大后可以同时看到三种颜色的花。这一品种由英国人托马斯·霍格（Thomas Hogg）培育而成，它也因此得名。

↓石竹锯齿绣球

H. macrophylla var. *macrophylla*
'Nadeshikozaki'

古老的绣球品种，较大，装饰花为蓝紫色，花瓣（萼片）边缘有类似于石竹花瓣的小锯齿。

↑石化八重

H. macrophylla var. *macrophylla* f. *domotoi*

装饰花会长为重瓣，也有的不会，呈蓝紫色。花茎会石化，蔓延生长，也被叫作"十二单"。

↓涡

H. macrophylla var. *macrophylla* f. *concavosepala*

古老的绣球品种，装饰花的花瓣（萼片）向内弯曲，通常为浅蓝色。也有一种会在中性土壤中开出粉花，被称作"梅色花"。

K.Kawarada

NP-S.Maruyama

NP-A.Tokue

锐齿绣球系统

锐齿绣球分布于日本关东以西的本州、四国、九州地区太平洋一侧及朝鲜半岛，广泛地生长于山林河谷间。锐齿绣球是一种高 60~100cm 的落叶小灌木，花序既有花边形，也有球形。与山绣球相比，锐齿绣球的叶子呈椭圆形，较薄，没有光泽，枝条细而柔嫩。关东地区原生的品种多开白花，日本西半部地区则多为深蓝色花。

↑黑姬
H. serrata 'Kurohime'

仅在边缘开花，两性花为蓝紫色，装饰花为深紫色，色彩浓郁，十分美丽。在日本奈良县的万叶植物园中大量种植，也是锐齿绣球中较早受到人们喜爱的品种。

K.Kawarada

↑甘茶
H. serrata 'Amacha'

仅在边缘开花，两性花为蓝紫色。叶子带有甜味，干燥后可做成甜茶。

↓红
H. serrata 'Kurenai'

两性花为白色，装饰花为鲜红色，是绣球中花瓣（萼片）颜色最红的品种。不过，如果将其置于阴凉处，花瓣（萼片）则不会变红。"红"也是锐齿绣球中较早受到人们喜爱的品种。

混栽的锐齿绣球，由"绫子舞""剑之舞""白富士""重瓣甘茶""红"组成。

NP-A.Tokue

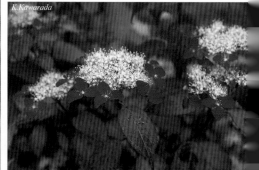

K.Kawarada

M.Usuda

NP-A.Tokue

↑ 伊予狮子手球

H. serrata 'Iyoshishitemari'

球形绣球，装饰花呈浅粉色，小花重叠在一起，非常饱满。

↑ 红萼

H. serrata f. *japonica*
= *H. serrata* 'Beni-gaku'

日本江户时代起就被人们所熟知的大型品种，还有一种两性花为蓝色的"丸瓣红萼"也很有名。

NP-S.Maruyama

K.Kawarada

↑ 深山八重紫

H. serrata 'Miyamayaemurasaki'

仅在边缘开花，两性花和装饰花都为深紫色，花朵较大，是锐齿绣球中较早受到人们喜爱的品种。

↑ 舞伎

H. serrata f. *belladonna*
= *H. serrata* 'Maiko'

球形绣球，装饰花呈浅蓝色，最早发现于日本京都醍醐山，但原种已经消失。现在市面上见到的是在日本三重大学演习林中发现的品种。

↓ 紫红梅

H. serrata 'Shikoubai'

圆形花瓣（萼片）向内弯曲，深蓝色和紫色的双色装饰花非常夺目。

↓ 花祭

H. serrata 'Hanamatsuri'

仅在边缘开花，两性花为白色，装饰花为红色。与"红"相比更大，直立性更好，也是"甘茶"的红色版。

K.Kawarada

K.Kawarada

NP-A.Tokue

K.Kawarada

↑ 白扇
H. serrata 'Hakusen'

球形绣球，装饰花呈白色，花朵娇小而秀美。

↑ 花吹雪
H. serrata 'Hanafubuki'

球形绣球，装饰花呈浅紫色，花瓣边缘有锯齿，大型品种。

NP-A.Tokue

NP-A.Tokue

NP-A.Tokue

↑ 绿衣
H. serrata 'Ryokui'

仅在边缘开花，两性花为白色，装饰花为黄绿色。一般的绣球如果开绿花，说明生病了（老化导致变绿的情况除外），但"绿衣"的绿花并不是生病的表现（请参见第64页）。

↓ 秋筱手球
H. serrata 'Akishinotemari'

球形绣球，装饰花呈明亮的紫色，大型品种，两性花非常明显。

↑ 七段花
H. serrata f. prolifera= *H. serrata* 'Shichidanka'

西博尔德所著《日本植物志》和1805年出版的《四季赏花集》《本草图谱》中均对"七段花"有所记载。这种花曾一度在日本绝迹，1959年，被神户市六甲山被六甲山小学的职员荒木庆治又一次发现，引发人们的关注。不过，新型"七段花"与日本江户时代的叶子有所不同。

↓ 富士瀑布
H. serrata 'Fujinotaki'

球形绣球，装饰花呈白色，重瓣，小型品种。

K.Kawarada

K.Kawarada

K.Kawarada

↑九重花吹雪
H. serrata 'Kujuunohanafubuki'

球形绣球，装饰花呈深蓝色，花瓣略呈圆形，形状独特。

K.Kawarada

↑池之蝶
H. serrata 'Ikenochou'

边缘的装饰花如同蝴蝶展翅飞舞一般，呈白色。

K.Kawarada

↑土佐
H. serrata 'Tosanomahoroba'

球形绣球，装饰花呈浅蓝色，花瓣细长，秀美可人。

K.Kawarada

↑伊予·十字星
H. serrata 'Iyonojuujisei'

装饰花的花瓣排列得像十字架，花瓣边缘有较大的锯齿，呈紫红色。

↓彩
H. serrata 'Irodori'

装饰花的花瓣很大，边缘有锯齿，呈浅紫色，在阴凉处生长则会变为紫红色。

K.Kawarada

NP-A.Tokue

右图为锐齿绣球"美方八重"与一些彩叶植物（珊瑚铃、亚洲络石）混栽在一起。

21

虾夷绣球系统

虾夷绣球(*H. serrata* subsp. *yezoensis*)为锐齿绣球的亚种，主要分布于日本北海道南部、本州岛日本海沿岸（东北地区至山阴地区）、佐渡岛等地的山间。这种绣球的花较大，在酸性土壤中会变为琉璃色[一]，花期为5月下旬至6月中旬，叶子很大，很多还带有茸毛。

虾夷绣球广泛分布于日本冬季湿润的地区，因此无法抵御干燥的寒风，很难在干燥的地区栽培。干燥的寒风会令植株的地面部分枯萎。当然，其中也有个别品种格外强健，不易枯萎。

K.Kawarada

↑ 浓青
H. serrata subsp. *yezoensis* 'Nousei'

仅在边缘开花，两性花为蓝色，装饰花为深蓝色，是颜色最深的蓝色绣球；由日本已故绣球研究学者山本武臣在八甲田山山间发现。

虾夷绣球

NP-M.Fukuda

K.Kawarada

↑ 星崎虾夷
H. serrata subsp. *yezoensis* 'Hoshizakiezo'

仅在边缘开花，两性花和装饰花均为桃紫色（日本传统颜色，近似粉色的紫色），重瓣，于第二次世界大战后在日本苗场山被发现。但之后一度消失，后来被新潟县原笹神村大冈德治再次发现。

NP-A.Tokue

← 四季绽放的公主
H. serrata subsp. *yezoensis* 'Shikizakihime'

球形绣球，装饰花为蓝色，是姬绣球（请参见第65页）的两季开花品种。"四季绽放的公主"在春天长出枝条，生出花芽，秋冬时节开花。6月时对花芽的数量进行控制，夏天乃至秋天会开得更好，但如果植株过小则很难开花。四季绽放的公主不同于纯种虾夷绣球，据推测是虾夷绣球与锐齿绣球、球形绣球的自然杂交品种。

一 琉璃色，日本传统颜色，鲜艳的蓝色中略带紫色。

K.Kawarada

↑绫

H. serrata subsp. *yezoensis* 'Aya'

球形绣球，重瓣，装饰花呈浅粉色，小型品种。

K.Kawarada

↑红炎

H. serrata subsp. *yezoensis* 'Benihonoo'

深蓝色品种，非常美丽。不过，这种花得名于其原生地，也有人推测这种花在当地花朵为红色。

↓越之茜

H. serrata subsp. *yezoensis* 'Koshinoakane'

装饰花较小，呈深红色。

K.Kawarada

玉绣球系统

　　玉绣球（*H. involucrata*）原生于日本东北地区至中部地区、伊豆七岛。这类绣球开花较晚，花蕾呈圆形（右下图），栽培后经 6—8 个月的培育可开花。在其原生地，花期可持续到 9 月。玉绣球的两性花为紫色，装饰花为白色。

NP-S.Maruyama

NP-Y.Itoh

玉绣球的花朵与花蕾

K.Kawarada

↑九重玉

H. involucrata f. *plenissima*

装饰花为绿白色或白色，有时呈浅粉色，略带浅紫色，花期结束时会变为绿色。虽然九重玉仅在边缘开花，但由于其两性花全部重瓣化，样子变得非常复杂，因此能长出数百朵小花，看起来非常华丽。

↓绿花玉

H. involucrata 'Midoribanatama'

装饰花为浅绿色，颜色清新。左图为其花蕾。

K.Kawarada

K.Kawarada

其他绣球

攀缘绣球 *H. scandens* 或 *H. serratifolio*

生长于日本本州（关东地区南部以西）、四国、九州地区。这种花是绣球的分支，树形类似于绣线菊。攀缘绣球5月上旬开花，开出的花与白色山绣球相似，是绣球分支中开花最早的。其叶子与小攀缘绣球相比较大，为长椭圆形，带有些许蓝色光泽，因此也被称作"绀照木"。

攀缘绣球

M.Usuda

小攀缘绣球 *H. luteovenosa*

叶子较小，乍一看并不像绣球，但其仍为绣球的分支，花序与白色山绣球十分相似。树形类似于绣线菊，枝条低垂，造型优雅。

K.Kawarada

↑ 花笠
H. luteovenosa 'Hanagasa'

球形绣球，装饰花为白色，重瓣，是非常受欢迎的品种。

↓ 濑户之月
H. luteovenosa 'Setonotsuki'

仅在边缘开花，两性花和装饰花均为紫红色，花瓣较大，与叶子对比鲜明，非常美丽，容易开花，很受欢迎。

K.Kawarada

K.Kawarada

圆锥绣球
H. paniculata

主要分布于日本北海道至屋久岛等地和中国。树高超过 3m，基本品种为花边形，开白色穗状小花。其中，"水无月"这一球形品种非常有名。圆锥绣球在海外很受欢迎，因此现在也有许多海外培育的品种进口到日本。圆锥绣球会在新梢开花，因此 2 月底需要修剪。

Kobayashi Nursery

↑ 火光
H. paniculata 'SMHPFL'

火光是圆锥绣球中最早着色的品种之一，起初开白花，凋谢时会变为深红色，也可做成干花。

↓ 小柠檬
H. paniculata 'Jane'

矮型品种，花序偏圆形，柠檬绿色的花朵会从粉色变为酒红色。因花朵小型而紧凑，所以适合用于混栽。

Kobayashi Nursery

NP-S.Maruyama

小绣球
H. hirta

分布于日本本州（关东地区以西）、四国，无装饰花，均为两性花，浅紫色，偶尔也会变为白色。此外，人们也发现了有装饰花的小绣球品种。

- - - - - - - - - - - - - - - - - -

矢筈绣球
H. sikokiana

NP-S.Maruyama

分布于日本本州（近畿地区南部）、四国、九州，叶子较大，呈人字形岔开，是日本特有品种。

- - - - - - - - - - - - - - - - - -

柔毛绣球 *H. villosa*

花蕾像玉绣球一样，开浅紫色小花。花序、花叶都不大，但植株较大，开花晚，分布于中国和尼泊尔。

Kobayashi Nursery

园艺品种

过去，为了区别于日本本土绣球，其他国家培育的绣球品种都被叫作"西洋绣球"。其实，它们原是日本绣球的分支（山绣球、锐齿绣球、虾夷绣球等）远渡欧美，经过长年改良后所得的品种，基本上可以被视为山绣球、锐齿绣球等不同种类的杂交品种。

绣球园艺品种最初于 20 世纪初在法国育种，之后在德国、荷兰、比利时、美国等地得到了进一步改良。日本大正时代（公元 1912—1926 年），改良后的绣球被引进日本，直至距今约 30 年前，才开始在日本广受欢迎。为了提升绣球的特性，也有人以山绣球"城崎"、锐齿绣球"清澄"等自然变种为亲本，培育出了更多的优良品种。

绣球园艺品种与日本绣球的分类及特性相似，所以，现在已经很少再被称为"西洋绣球"了。

K.Kawarada

↑丽贝拉薇丝

H. macrophylla var. *normalis* 'Liveravice'

仅在边缘开花，装饰花的花瓣（萼片）较大，呈圆形，白色。

K.Kawarada

↑八丈千鸟

H. macrophylla var. *normalis* 'Hachijou Chidori'

仅在边缘开花，装饰花为重瓣，花瓣细长，呈白色。

K.Kawarada   K.Kawarada

↑ 魔幻贵族

H. macrophylla var. *macrophylla*
'Magical Noblesse'

球形绣球，开花时为绿色（右图），之后变为浅粉色（左图）。花瓣（萼片）环抱，呈杯状开放。

K.Kawarada

K.Kawarada

↑ 辛德瑞拉

H. macrophylla var. *normalis* 'Cinderella'

仅在边缘开花，装饰花为重瓣，两性花隆起朝上，呈白色，秀丽清新。

↑ 佳子

H. macrophylla var. *macrophylla* 'Keiko'

球形绣球，装饰花为重瓣，呈白色，花瓣带有紫红色边缘，非常华丽。

↑ 舞会
H. macrophylla var. *normalis* 'Dance Party'

仅在边缘开花，装饰花为重瓣，花瓣细长，如舞伴一般围绕在两性花周围。花呈粉色，是一款非常有人气的品种。

↑ 红夫人
H. macrophylla var. *normalis* 'Lady in Red'

仅在边缘开花，是深红色绣球的代表品种。

↑ 贾帕涅·米卡科
H. 'Japanew Mikako'

白花，有红边，球形绣球，颇具人气。该品种易于栽培，耐阴凉，是锐齿绣球与山绣球的杂交品种。

↑ 宝石红
H. macrophylla var. *macrophylla* 'Ruby Red'

球形绣球，花瓣有锯齿，花聚拢开放，呈红色。

K.Kawarada

K.Kawarada

K.Kawarada

NP-T.Narikiyo

↑巴黎

H. macrophylla var. *macrophylla* 'Paris'

球形绣球，由多种色彩组成，装饰花的花蕾为深绿色，开花后花瓣为艳丽的深红色，中央为粉色。

↑未来

H. 'Mirai'

起初为红边白花，之后会变为绿色、红色，颇具秋季色彩，是锐齿绣球与山绣球的杂交品种。

NP-T.Narikiyo

↑绿影

H. macrophylla var. *macrophylla*
'Green Shadow'

颜色独特，深玫瑰色花瓣的尖端带有些许绿色，花色也会从深玫瑰色变为绿色。绿影为球形绣球。

NP-M.Fukuda

↑米米

H. macrophylla var. *normalis* 'Mimi'
（Posy-Bouquet Series）

仅在边缘开花，装饰花为深粉色，重瓣，花瓣（萼片）较细长，形状如星星。

29

K.Kawarada

↑ 魔力绿焰

H. macrophylla var. *macrophylla*'Magical Greenfire'

球形绣球，刚开花时为白色，之后变为红色，花瓣（萼片）外侧带有绿色。这种多色绣球很少见，不过近年来，其他国家也培育出了许多改良的多色品种。

K.Kawarada

K.Kawarada

↑ 荷贝拉

H. macrophylla var. *normalis*'Hobella'
（Hovaria Series）

这种绣球也被称作"变色绣球""秋色绣球⊖"，开花后随着时间推移，其花瓣的颜色会发生变化：开花时为粉色，之后变为绿色，最后又变为红色。变色结束后的"荷贝拉"已长出新的花芽，因此为保证第二年顺利开花，需在花期中就提前将花序剪下。无论土壤酸碱度如何，"荷贝拉"都会开出粉花。圆形花瓣，较大，仅在边缘开花。

↑ 贵族粉

H. macrophylla var. *normalis*'Royal Pink'

仅在边缘开花，装饰花的花瓣较大，为美丽的粉色。

⊖ 以前，绣球夏季盛开，开至秋季变色的样子被称为"秋色"。现在，经过改良，也有一些品种能够在秋季变为更加美丽的颜色，这类绣球也被称作"秋色绣球"。

K.Kawarada K.Kawarada

↑ 美笑小町

H. macrophylla var. *macrophylla* 'Misakikomachi'

球形绣球，花型较小，重瓣，花序较大，原本为红色，一般在种植中会变为紫色。

↑ 万华镜

H. macrophylla var. *macrophylla* 'Mangekyou'

球形绣球，花型较小，重瓣，浅蓝色带白边，清新秀丽。

K.Kawarada K.Kawarada

↑ 胸花

H. macrophylla var. *normalis* 'Corsage'

仅在边缘开花，重瓣，装饰花和两性花均为浅紫色，非常美丽。

↑ 婚礼花束

H. macrophylla var. *normalis* 'Wedding-Bouquet'

仅在边缘开花，装饰花为浅粉色，重瓣，两性花也为较小的重瓣，样子非常华丽。

↑仙女之吻

H. macrophylla var. *macrophylla*
'Fairy Kiss'

球形绣球，小型花，重瓣，聚拢开放，呈圆形，花瓣呈蓝色。

↑你我一起

H. macrophylla var. *macrophylla*
'Youme Together'

球形绣球，小型花，重瓣，原为紫色，现在市面上也常见到粉色品种。

↑夏威夷蓝

H. macrophylla var. *macrophylla*
'Hawaiian Blue'

球形绣球，聚拢开放，呈圆形，花瓣呈深蓝色，是十分少见的品种。

↑佩妮马克

H. macrophylla var. *macrophylla*
'Penny Mac'

球形绣球，花序巨大，四季均可开花，呈蓝色。秋季，开始凋谢的花朵变为红色，而刚刚开放的新花为蓝色，两种色彩兼具。

K.Kawarada

↑ 魔幻革命
H. macrophylla var. *macrophylla* 'Magical Revolution'

球形绣球，浅蓝色，开花后不久花瓣边缘会带有些许绿色，此时最为美丽。

NP-H.Imai

↑ 妖精之瞳
H. macrophylla var. *normalis* 'Fariy Eye'

仅在边缘开花，装饰花为紫色，重瓣，非常引人注目。现在市面上出现了许多粉色品种，也有图中这种神秘的蓝色品种。

K.Kawarada

↑ 魔法公主
H. macrophylla var. *normalis*
'Magical Princess'

仅在边缘开花，装饰花为藤色（日本传统颜色，略带浅蓝色的紫藤色），萼片带有细小的锯齿，非常美丽。

栎叶绣球 *H. quercifolia*

原产于北美的绣球品种的分支，叶子很像栎树的树叶，因此得名。白色小花呈穗状，花序并不向上生长，而是倒向两侧或垂下。这种绣球也可在背阴处生长，但光照越充足长得越好。秋季叶子会变红。栎叶绣球在日本颇有人气，目前已有近10种栎叶绣球进口到日本。

↑后廊
H. quercifolia 'Back Porch'

花序较小，带有芳香气味，开花时为白色，快凋谢时随着日照变为浅粉色，非常美丽。

↓勃艮第之波
H. quercifolia 'Burgundy Wave'

花朵一般为单瓣，秋天接受充足日照后叶子会变红。

↓雪花
H. quercifolia 'Snowflake' = 'Brido'

重瓣品种，快凋谢时花朵会略带绿色，之后开始变为红色。这种绣球很受欢迎，也非常常见。

树状绣球 *H. arborescens*

　　非常有名的绣球品种，之前也被称作"美国圆锥绣球"。其春季生出的新枝上会长出花芽，可耐严寒及抗冷风，与普通绣球相比，无须费心修剪。3月剪掉冒出地面的部分，其植株依旧可以开花。

↑ 安娜贝尔

H. arborescens 'Annabelle'

原产于北美的球形绣球，开白色小花，花序较大，很受欢迎。近来日本也引进了花边形及重瓣品种。

↑ 粉色大型安娜贝尔
（Pink Annabelle Jumbo）

H. arborescens 'NCHA4'

此前，日本引进的粉色"安娜贝尔"的花轴很弱，经常在风雨中倒下。而这种新型粉色大型安娜贝尔的花轴很粗，耐得住风雨，花序也很大。

↓ 不思议大花球

H. arborescens 'Abetwo'

"安娜贝尔"的花序大，但花轴细弱，经常在风雨中倒下。这一品种为改良后的优良品种，花轴粗，耐得住风雨，花序比其他品种更大。

斑纹叶品种和彩叶品种

日本的绣球中，有许多品种的叶子上都带有斑纹，形状各异，可分为曙斑、散斑、刷毛斑、覆轮斑等许多种类。还有一些绣球品种长有黄叶、红叶等彩色叶子，除花朵外，叶子也具有很高的观赏价值。专门收集这些斑纹叶和彩叶品种的绣球也很有意思。

一般的斑纹叶品种从长出花芽到花朵凋谢这段时间内都可欣赏花叶。当然，也有例外，锐齿绣球系统中的个别品种到了夏季叶子上的斑纹就会褪色消失。此外，要注意夏季避免阳光直射，导致叶片被晒焦。

斑纹的各种形状

曙斑 春天至初夏，新长出叶片部分为白色或黄色，之后逐渐变绿的斑纹。

散斑 遍布叶片的细小斑纹。较小的斑纹也被称为"沙子斑"。

刷毛斑 仿佛从叶片中央用刷子刷向边缘的斑纹，形状很容易变化。

覆轮斑 外圈斑，叶片边缘有白色的斑纹。

K.Kawarada

↑锐齿绣球"黄冠"
H. serrata 'Oukan'

花枝顶端的新叶变为黄色的曙斑品种，仅在边缘开紫色花。黄叶与紫花的组合对比鲜明，非常美丽。

↓锐齿绣球"金铃"
H. serrata 'Kinrei'

叶片带有黄色刷毛斑，如彩叶一样华丽，仅在边缘开花，装饰花为白色，与黄色花叶相映成趣。

K.Kawarada

↑ 山绣球"柠檬波浪"

H. macrophylla var. *normalis* 'Lemon Wave'

覆轮斑叶片，带有白色和黄色斑纹，仅在边缘开花，装饰花为白色，两性花为粉色，十分美丽。

↑ 斑叶攀缘绣球

H. scandens 'Fuiri'

带有白色刷毛斑纹的攀缘绣球品种，也是一种灌木，可以为阴暗处提亮颜色，有些开花时还会散发香味。

↑ 斑叶山绣球

H. macrophylla var. *normalis* f. *variegata*

久负盛名的白色山绣球，仅在边缘开花，花朵较大，与美丽的花叶相得益彰。其花叶不易被晒焦。

↑ 锐齿绣球"红色白雪"

H. serrata 'Beninoshirayuki'

7月长出新叶，尖端变白，之后变为浅黄色。种在阴凉处，可点亮庭院色彩。

↓ 锐齿绣球"黄金骏河"

H. serrata 'Ougonsuruga'

深黄色花叶，细长而美丽，仅在边缘开白色装饰花。

↑ 绣球"黄金叶"
H. macrophylla var. *macrophylla* 'Ougonba'

装饰花为粉色，新叶为美丽的金黄色，褪色较晚，7月最为美丽。

K.Kawarada

↑ 圆锥绣球"雪化妆"
H. paniculata 'Yukigesyou'

花叶带有散斑的美丽品种。

K.Kawarada

↑ 栎叶绣球"小蜂蜜"
H. quercifolia 'Little Honey'

金黄色花叶，在背阴处生长时叶子会变薄，小型花序。

K.Tsuji

↑ 锐齿绣球"九重山"
H. serrata 'Kujuusan'

仅在边缘开花，两性花与装饰花均为浅蓝色，黄色花叶带有散斑。开花可持续至秋天，非常美丽。秋季花叶开始逐渐褪色。

K.Kawarada

↑ 红叶绣球

被认为是马桑绣球（*Hydrangea aspera*）的一种，叶子刚出芽时为红色，长开后背面为红色、正面为略带绿色的海老茶色[⊖]，阳光穿过花叶时非常美丽。

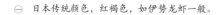

⊖ 日本传统颜色，红褐色，如伊势龙虾一般。

38

日本本地原生绣球种类

种类	特征
山绣球 (*H. macrophylla* var. *normalis*)	花的周围长着一圈装饰花，像花边一样，因此得名。一般情况下，绣球泛指仅有装饰花的球形绣球。
锐齿绣球（泽八仙花[⊖]） (*H. serrata*)	根据生长地的不同，出现了虾夷绣球、大甘茶、日向绣球等许多变种。
玉绣球 (*H. involucrata*)	最大的特征是花蕾被苞叶包裹，呈球形。原生于日本东北地区至中部地区的山间。
小绣球 (*H. hirta*)	无装饰花，分布于日本关东以西的本州、四国地区。
小攀缘绣球 (*H. luteovenosa*)	分布于伊豆半岛、近畿、四国、九州地区。花叶为小椭圆形，装饰花的花瓣（萼片）大小不一，白色中略带黄色。
攀缘绣球 (*H. scandens*)	分布于日本关东地区西南部至四国、九州地区。花叶为长椭圆形，颜色发蓝，带有光泽，因此也被称作"绀照木"。
圆锥绣球 (*H. paniculata*)	大型品种，开花后呈大圆锥形，树高3m以上。分布于日本全国各地。
蔓绣球 (*H. petiolaris*)	可从花枝上长出气生根，攀缘上其他树木。其装饰花每朵只有4个花瓣。
吐噶喇绣球 (*H. kawagoeana*)	分布于日本九州南部至琉球群岛，是攀缘绣球的分支，也被称作"屋久岛绣球"。
矢筈绣球 (*H. sikokiana*)	纪伊半岛、四国、九州地区本地原生品种，花叶为较大的椭圆形，边缘处会长出3~7个尖端，装饰花为白色。
天城小绣球 (*H. ×amagiana*)	小攀缘绣球与小绣球自然杂交而得的品种，没有装饰花，在日本静冈县伊豆地区偶有发现。
秩父绣球 (*H. ×chichibuensis*)	小绣球与攀缘绣球自然杂交而得的品种，在日本埼玉县秩父市偶有发现。
八重山绀照木（中国绣球[⊜]） (*H. yayeyamensis*)	分布于日本八重山列岛，是攀缘绣球的分支。
琉球绀照木[⊜] (*H. liukiuensis*)	日本冲绳岛特有品种，是攀缘绣球的分支。

⊖ 根据中国自然标本馆网站资料，该品种的接受名为泽八仙花（*H. macrophylla* subsp. *serrata*）。
⊜ 根据中国自然标本馆网站资料，该品种的接受名为中国绣球（*H. chinensis*）。
⊜ 中国自然标本馆网站未给出该品种的中文学名，其拉丁接受名为 *H. scandens* subsp. *liukiuensis*。

绣球栽培的主要工作和管理要点月历

	1月	2月	3月	4月	5月
生长状态	休眠				
主要工作	p50、p51、p78 ↑ 栽种、翻盆、分株		p79 ↑	p59 ← 花谢后进行栽种（购买的植株）	
	休眠期的修剪				
	防寒（防风）		→	p76	
	扦插（休眠枝扦插）		→	p45	
			p54 ←		压条
管理要点 摆放（盆栽）	避风处		阳光不直射的户外		
浇水（盆栽）	花盆表土发干时浇水				
浇水（庭院栽培）		不需要			
肥料	寒肥				
病虫害的防治		淡缘蝠蛾的幼虫			
		叶螨			
		蚜虫			
		灰霉病			
				炭疽病	
		锈病			

6月	7月	8月	9月	10月	11月	12月

生长

休眠

开花（不同品种时间不同）

花芽分化（新枝开花的情况除外）

花谢后的翻盆（购买的植株）

栽种、翻盆、分株

花谢后的栽种（购买的植株）

p58 、 p63 、 p86

p79 ←

花谢后的修剪（不同品种时间不同）

休眠期的修剪

避开日晒

p69

防寒（防风）

→ p62 ←

扦插（绿枝扦插）

扦插（绿枝扦插）

p76

不被阳光直射的明亮处

日照充足的室外

避风处

注意防止土壤干燥

持续干燥时浇水

不需要

花谢后的追肥（不同品种方法不同）

液体肥料（盆栽）

寒肥

白粉病

白粉病

炭疽病

绣球花枝的结构与名称

两性花
同时具有雄蕊和雌蕊，都可授粉，不像装饰花那样拥有大花瓣（萼片）。

萼片（花瓣）
绣球的萼片长得比较大，看起来很像花瓣。

花柄
支撑花的小短枝。

装饰花
绣球的"花边"一般指的就是这个部分。

不稔花
这部分是真正的花，比装饰花要小，因无法完成授粉而得名。

叶

花枝

叶柄

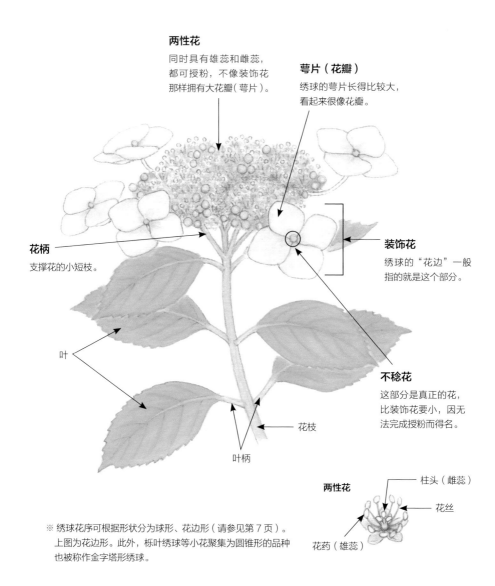

两性花

柱头（雌蕊）

花丝

花药（雄蕊）

※ 绣球花序可根据形状分为球形、花边形（请参见第7页）。上图为花边形。此外，栎叶绣球等小花聚集为圆锥形的品种也被称作金字塔形绣球。

12 月栽培笔记

本章总结了每个月的主要工作和管理要点。
收到他人赠予的盆栽绣球时，只要加以妥善养护，就
可以使其开放出美丽花朵。

绣球"合唱"

Hydrangea

本月的主要工作

> 基本 修剪
> 基本 栽种、翻盆、分株
> 基本 防寒
> 挑战 扦插

基本 基础工作
挑战 针对中级、高级园艺爱好者的工作

1月的绣球

　　1月正值日本一年中最寒冷的季节。此时的绣球看起来似乎在休眠，但其实一些耐寒的品种在1月中旬就会开始苏醒。绣球虽然耐寒，但经受不了干燥的寒风，时常会发生枝条枯萎、花芽枯死的情况。当空气湿度降低时，绣球的花枝很容易干枯。因此在冬季常刮干燥寒风的地区，种植绣球时要特别注意防风。而在积雪较多的地区，绣球反而比较容易过冬。

圆锥绣球"小荷普（Little Whip）"
H. paniculata 'Ilvobo'
圆锥绣球中比较矮的品种，花序很大，但无须担心其植株倒伏。开白色花，快凋谢时变为浅粉色，非常美丽。

主要工作

基本 修剪

整理杂乱交叉的植株

　　与12月一样，对休眠期的绣球植株进行修剪（请参见第79页）。

基本 栽种、翻盆、分株

　　日本关东以西地区需要进行这些工作（请参见第50、51、78页）。寒冷地区可在开春后进行。

基本 防寒

寒冷地区切记防寒

　　请参见第76页。

挑战 扦插

玉绣球、栎叶绣球此时最适合休眠枝扦插

　　与其他植物相比，绣球的扦插较为简单，一般在冬季进行"休眠枝扦插"，在花谢后进行"绿枝扦插"。不过，也有部分绣球在花谢后进行绿枝扦插很难生根，如玉绣球、栎叶绣球等。这类品种可在1月下旬至2月期间进行休眠枝扦插（请参见第45页）。

　　这个时期，插穗被冻住，土壤中的水冻结，出现霜柱，很难松动提拉，可选择日照较好的温暖场所进行操作。

本月的管理要点

❄ 将植株置于屋檐下等避风处

💧 花盆表土发干时浇水。庭院栽培则无须浇水

🎲 2 月上旬前施寒肥

🔲 无

挑战 **扦插**（休眠枝扦插）

最佳时期：1 月下旬至 3 月下旬

准备插穗

1

剪选去年刚刚长出的、带有 2 个以上芽点的饱满枝条，同时修剪插穗，保证插入土壤中的部分不会长出新芽。如果立刻扦插，则无须浸水。

NP-A.Tokue

插入插穗

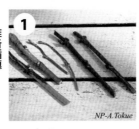

2

在驮温盆①内单用小粒鹿沼土（或单用小粒赤玉土、小粒蛭石），使土壤湿润，然后将插穗插入土中，深度为 2cm。

NP-A.Tokue

置于温暖处进行养护

3

充分浇水，然后将其置于日照较好的屋檐下或室内窗边，注意要避免土壤干燥，一般 3 个月左右即可生根。

NP-A.Tokue

管理要点

⬆ 盆栽

❄ **摆放：将植株置于屋檐下等避风处**

与 12 月相同，应将植株置于避风处。此时的绣球正值落叶期，将其置于明亮处，即使接受不到日照也没有关系。

💧 **浇水：花盆表土发干时浇水**

如果花盆表土发干，则需要充分补水。下雪后积雪在花盆内结冻，水分无法渗透到土壤里，可能会导致土壤干燥，需要注意。当空气湿度较低时，虾夷绣球部分品种（"雨情""秘密""花之细语"等）的枝条会出现枯萎现象，需要预防干燥。

🎲 **肥料：2 月上旬前施寒肥**

12 月下旬开始最适合施寒肥。施肥方法请参见第 81 页。

⬇ 庭院栽培

💧 **浇水：无须浇水**

🎲 **肥料：施寒肥**

施肥方法请参见第 81 页。

⬇⬆ 病虫害的防治

无须防治。

㊀ 边缘涂有釉药，在约 1000℃高温下烧制的陶盆。与 600~700℃温度下烧制的素烧盆相比更加坚固，但通气性和排水性稍差。

本月的主要工作

基本 修剪

基本 栽种、翻盆、分株

基本 防寒

挑战 扦插

2月的绣球

1月下旬至2月上旬是一年中极冷的时候。立春一过，进入2月中旬，白天日照充足，气温回升，非常温暖。此时的绣球看起来没有什么变化，但其实植株已经从休眠中醒来，伺机发芽。经过连续几日的温暖天气后，猛烈寒潮可能会突然来袭，伤害刚刚冒出的芽。特别是在持续干燥的地区，这个时期的绣球很容易受损，因此需要特别注意，采取防寒、防强风措施。

绣球"三河千鸟"

H. macrophylla var. *macrophylla*
'Mikawachidori'

球形绣球，装饰花细长，两性花生在花序表面，样子独特。最初也曾被命名为"天龙千鸟"，后来人们习惯称其为"三河千鸟"。

主要工作

基本 **修剪**

休眠期修剪的最佳时期

与1月一样，对休眠期的绣球植株进行修剪（请参见第79页）。

基本 **栽种、翻盆、分株**

除寒冷地区外，进行这些工作的最佳时期

日本关东以西地区需要进行这些工作（请参见第50、51、78页）。寒冷地区可在开春后进行。

基本 **防寒**

寒冷地区切记防寒

请参见第76页。

挑战 **扦插**

玉绣球、栎叶绣球此时最适合休眠枝扦插

与1月相同，玉绣球、栎叶绣球等在此时进行休眠枝扦插。其他品种可等到3月（请参见第45页）再扦插。

扦插后花盆的摆放位置

扦插后的花盆应置于不易结冻的地方，如日照充足的屋檐下或室内窗边。

本月的管理要点

❄ 将植株置于屋檐下等避风处

💧 花盆表土发干时浇水。庭院栽培则无须浇水

🌱 2 月上旬前施寒肥

🎲 无

1 月

2 月

3 月

4 月

5 月

6 月

7 月

8 月

9 月

10 月

11 月

12 月

管理要点

🔼 盆栽

❄ **摆放：将植株置于屋檐下等避风处**

与 1 月相同，应将植株置于避风处。如果被这个时期干燥的寒风吹到，最上端的花芽会首先枯萎，严重时枝条会全部枯萎。只要气温不是特别低，枝干一般不会受到太大的影响，但干燥的寒风可能会导致虾夷绣球部分品种（"雨情""秘密""花之细语"等）的地面枝干全部枯萎。而在其原生地，此时的虾夷绣球正被掩埋在积雪下，湿度适宜，所以不会受到伤害。

💧 **浇水：花盆表土发干时浇水**

如果花盆表土发干，则需要充分补水。冬季是绣球的休眠期，因此其比较耐干燥，但如果完全不浇水也是不行的。在积雪地区，下雪后，干燥状态下的花盆中的土壤被掩埋在雪中，低温下积雪不会融化，花盆中的土壤则一直保持着干燥状态，植株就会枯萎。应当时常留意花盆中土壤的状态。

🌱 **肥料：2 月上旬前施寒肥**

2 月上旬前是最适合施寒肥的时期。如果此时还没有施寒肥，则应尽早开始。施肥量请参见第 81 页。如果忘记施肥，那么在 2 月中旬以后也无须再施了。

⛶ 庭院栽培

💧 **浇水：无须浇水**

🌱 **肥料：2 月上旬前施寒肥**

请参见第 81 页，在 2 月上旬前施寒肥。如果寒肥施得足够，则无须再追肥。寒肥一般为有机肥料，即使大量使用也不会对植株造成伤害。

与盆栽绣球不同的是，如果此前忘记给庭院栽培的绣球施寒肥，则需要在 2 月施少量肥料应急，用量为上述寒肥分量的 1/3~1/2（五年生植株施 35~50g）即可。

⛶🔼 病虫害的防治

无须防治。

47

本月的主要工作

基本 修剪

基本 栽种、翻盆、分株

基本 防寒

挑战 扦插

基本 基础工作

挑战 针对中级、高级园艺爱好者的工作

3 月的绣球

阳光日益强烈，天气也暖和起来。不过，俗话说"三寒四温"，此时还是会有春寒料峭的日子。3 月，日本关东地区也常出现大雪天气。这个时期，绣球根部活动频繁，3 月下旬就会有新芽长出。虽然无须再担心低温，但如果持续有干燥的风吹拂，还是可能会导致花盆中的土壤干燥，需要特别注意。这个时期适合所有品种的栽种、翻盆和分株。这些工作需在 3 月完成，拖到 4 月则会来不及。

K.Kawarada

锐齿绣球"筑波小轮"

H. serrata 'Tsukubasyourin'

在日本茨城县发现的品种，仅在边缘开花，花朵非常小，呈白色。

主要工作

基本 修剪

截至 3 月中旬可进行休眠期修剪

与 2 月一样，整理杂乱的植株，对休眠期的绣球植株进行修剪。最迟应在 3 月中旬完成（请参见第 79 页）。

基本 栽种、翻盆、分株

最佳时期

此时最适合对绣球进行栽种、翻盆和分株，日本关东以西地区及寒冷地区均可。这三项工作一般都是在落叶期进行，但在寒冷地区，或者植株尚为小苗的时候，则需避开转冷时期和严寒时期，所以在 3 月进行最佳。

对盆栽绣球进行翻盆，或者将盆栽绣球移至庭院时，需将根部土球大体弄碎，轻轻梳理根部。植株根部状态越好，越容易在花盆内盘根。重新栽种、翻盆后，新生的根部就不会长出花盆了。不过，如果根部紧密盘在一起，变得坚硬，即使重新翻盆，也很容易出现烂根的现象（请参见第 78 页）。

本月的管理要点

❄ 将植株置于屋檐下等避风处

💧 花盆表土发干时浇水。庭院栽培则无须浇水

▦ 无须施肥

🎨 无

翻盆并不是单纯为植株换一个更大的花盆，换新土也十分有必要（请参见第 83 页）。

此外，植株长大后就可以分株，要趁着植株不是很大的时候进行操作。如果植株过大，分株时可使用锯（请参见第 51 页）。

 防寒

寒冷地区切记采取防寒措施

请参见第 76 页。

挑战 扦插

休眠枝扦插的最佳时期

休眠枝扦插。玉绣球、栎叶绣球等品种的最佳扦插时期为 2 月前，进入 3 月后，包括其他品种在内的任何绣球品种都可以进行休眠枝扦插（请参见第 45 页）。剪一段带有花芽的花枝作为接穗，如果养护得当，一般会在 5—6 月开花。

图为使用带有花芽的花枝作为接穗进行扦插。生根后立刻移栽上盆。

管理要点

⬆ 盆栽

❄ **摆放：将植株置于屋檐下等避风处**

与 2 月相同，应将植株置于屋檐下等避风处。日照方面，可将其置于背阴处，但 3 月中旬以后新芽开始生长，还是需要将花盆移到可接受日照的地方。生长于背阴处的植株枝条较细，不够粗壮，之后的发育也会不好。

💧 **浇水：花盆表土发干时浇水**

如果花盆表土发干，则需要充分补水。此时新芽开始生长，与冬季休眠期相比，植株需要吸取更多的水分。平日里应留心观察花盆表土的干湿状态。

▦ **肥料：无须施肥**

施寒肥截至 2 月上旬。如果忘记施肥，此时也无须再施了。

🪴 庭院栽培

💧 **浇水：无须浇水**

▦ **肥料：无须施肥**

🪴⬆ 病虫害的防治

无须防治。

如果是购买的植株，希望在花谢后的5—6月，或9月下旬至10月上旬移至庭院里，也可采用同样的顺序和步骤。

挖洞，放入腐叶土

挖洞，要比栽种植株根部的土球大一圈，然后放入腐叶土，占洞深三成左右即可。

将洞底土壤与腐叶土混合

用铁锹将洞底土壤与腐叶土混合均匀。

放入植株，掩埋土壤

将植株根部放入洞内，并调整根部土球上部的位置，使之与地表高度相同。之后用土壤填满根部土球与洞之间的缝隙。

用翻起的土壤填满缝隙

浇水区域

留出浇水区域

埋土后，将植株周围堆起少许土，留出浇水区域。

充分浇水

用水壶向浇水区域充分浇水。

固定植株

水分被吸收后，松动堆起的土壤，用脚将根部附近土壤踩平，固定植株，保证其不会晃动。

基本 **分株** | 最佳时期：11月至第二年3月
（寒冷地区只有3月适合分株）

趁着植株没有长得过大时进行分株

植株长大后就需要进行分株。庭院栽培的植株长得过大后枝干会变硬，不便于进行分株。分株的关键就在于选择植株尚未长得过大时进行。图中的植株已经长得太大了，需要使用锯切分。盆栽植株的分株则相对简单。

③ 弄碎根部土球

弄碎根部土球，清除多余的土。

① 插入铁锹

在距离植株基部20cm的外围插入铁锹，挖出一个圆形沟壑。

④ 使用锯切分植株

植株长大后根部会变硬，使用锯纵向将植株切分开。

② 挖出植株

右图为植株被挖出的样子。植株根部包裹着半球形土球。

⑤ 分株

右图为植株被切分后的样子，之后请按照第50页的方法分别栽种植株。

51

培育独一无二的绣球

想让绣球增殖，一般采用扦插或压条的方法。不过，从播种开始，种植自己的绣球也是一个很有趣的过程。这并不是说要将所有的种子都培育成独具特点的植株，从众多花苗中挑出几棵不错的植株即可。

11月至第二年3月期间取种子

花谢后，两性花上会生出种子。包裹着种子的果实起初为绿色，长约1mm，花朵凋谢后不要立刻摘下，11月左右果实就会成熟。

之后，果实变为壶形，其中长满了如细尘一样的小种子。果实成熟后，上部裂开，可以将其从花茎上剪下，然后将种子播撒在土里；或者先将种子保存起来，待天气转暖后播种。

播种后，为避免种子被雨水冲刷，或者因为土壤结霜而无法破土发芽，需要将其置于屋檐下等日照充足的地方。一般情况下，11月播种后在温暖的地方进行培育，第二年2月左右即可发芽；如果是3月播种，那么在5月左右即可发芽。

播种后培育而成的绣球

下图是日本一关市绣球花园通过播种培育出的绣球。该园使用锐齿绣球"清澄"的种子，栽培出的植株叶子带有该品种特有的红色，与亲本品种相同。不过，花朵的样子则发生了各种变化。

用"清澄"的种子培育出的绣球。

用作亲本的锐齿绣球"清澄"。

重新栽种，加宽植株间距

当植株上长出约 4 片叶子时，将植株挖出，以 5~10cm 的间距重新栽种。可借助镊子等工具，但注意不要将根部

弄断。如果不重新栽种，植株长大后间距过小，很可能导致花苗无法继续生长，或者出现枯萎现象。播种后植株生长 4~5 年便会开花。之后可以选择满意的植株进行进一步栽培。

播种的方法

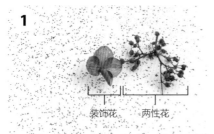

绣球的种子

绣球的种子长在两性花上，小而细，可放在信封等纸袋里，置于干燥处保存。

播种

在平盆、育苗箱内加入细粒赤玉土或小粒鹿沼土，提前浇水，保持土壤湿润。如果将果实从花茎上剪下立刻播种的话，则播种时手持花茎，将果实在土壤上方轻轻挥动即可。注意不要让种子集中播撒到某一处。播种后无须盖土。

开始发芽的绣球种子

播种后，可在洗脸池等容器中蓄 2~5cm 深的水，然后将花盆置于其中，从底部给水，保证土壤湿润不干燥，直至种子发芽。如果从花盆上方给水，会导致种子和土壤流动，可能无法发芽。如果在 3 月播种，那么 5 月左右即可发芽。如果在 11 月播种，然后将其置于温暖的室内培育，则在第二年 2 月即可发芽。发芽后，应让花芽接受充足的日照，并及时给水，保证土壤湿润不干燥。

加宽植株间距

当植株上长出约 4 片叶子时，将植株挖出，加宽间距，重新栽种。图为重新栽种 1 年后的绣球。之后植株的生长会比较快，当长出枝条时，可移入 3 号花盆。

April

4月

本月的主要工作

挑战 压条

基本 基础工作

挑战 针对中级、高级园艺爱好者的工作

---

4 月的绣球

4月，每天都很温暖，绣球也开始发芽。4月中旬，花叶打开，逐渐被绿色点缀，植株也每天都在发生变化。4月下旬来临前，需要防止受晚霜影响。刚刚长出的新叶比较脆弱，因此也需要注意天气变化。花店可能会提早开始出售已经开花的绣球，不过这些是在室内温暖环境中培养的，一旦落霜就很容易受伤，所以天冷的时候需要将绣球移回室内。

K.Kawaruda

锐齿绣球"虹"

H. serrata 'Niji'

仅在边缘开花，花瓣较大，复色花，外侧为紫红色，内侧为蓝紫色。

主要工作

挑战 压条

可确保植株数量增加

虽然压条后每次培育出的植株数量有限，但确实是最有保证的繁殖方法，一般在4—9月进行。

将伸长的枝条弯曲，使生长点接触到地表，然后用土掩埋。一般情况下，2周左右就会生根。再放置半年左右，待根部生长充分，即可从原植株上剪下，作为独立植株进行栽培。

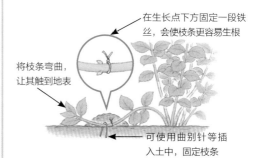

在生长点下方固定一段铁丝，会使枝条更容易生根

将枝条弯曲，让其触到地表

可使用曲别针等插入土中，固定枝条

M.Usuda

压条示例。使用了一根长得很长的枝条。

本月的管理要点

❊ 将植株置于日照充足处

🜄 防止花盆中的土壤缺水。庭院栽培则无须浇水

🎲 无须施肥

🐞 可能出现蚜虫、叶螨、淡缘蝙蛾的幼虫，可能染上灰霉病

管理要点

⬆ 盆栽

❊ **摆放：将植株置于日照充足处**

将植株置于日照充足的地方。如果3月为躲避寒风，曾将植株置于屋檐下，那么此时应尽量将盆栽移至阳光更好的地方。春天是绣球的生长期，如果不接受充足的日照，枝叶可能会发育不充分，无法开出美丽的花朵。严重的情况下，植株会体力渐失，最终枯死。

🜄 **浇水：防止花盆中的土壤缺水**

如果花盆表土发干，则需要充分补水。此时柔软的新叶刚刚长出，要特别注意不要让其缺水。叶片的水分蒸发很活跃，因此很容易干枯。如果这种干枯状态持续下去，叶子不仅会打蔫，而且比3月遭受的伤害更加大，严重时叶片甚至会枯萎。

🎲 **肥料：无须施肥**

花谢之前无须施肥。

🥛 庭院栽培

🜄 **浇水：无须浇水**

注意防止干燥。不过此时庭院栽培的绣球一般不会特别干燥，因此无须浇水。

🎲 **肥料：无须施肥**

🥛⬆ 病虫害的防治

蚜虫、叶螨

随着气温上升，植株上可能会出现蚜虫、叶螨。这些虫子不仅仅出现在新芽，还常常隐藏在新长出的叶子背面，因此需要特别留意，一旦发现就要使用杀虫剂将其杀死。喷洒杀虫剂的时候，要注意不要漏掉叶子背面。

淡缘蝙蛾的幼虫

过冬后，淡缘蝙蛾的幼虫开始活动。当枝条上出现一些木屑样的小块时，可能枝条的内部已经被淡缘蝙蛾的幼虫侵害了。如果发现枝条被侵害，可将其剪下。

灰霉病、炭疽病

室内或简易温室种植的绣球容易在此时染上灰霉病，此外，6月开始有可能染上炭疽病。因此，应从4月开始喷洒杀菌剂，以预防病害发生。

本月的主要工作

基本 花后修剪

基本 栽种、翻盆

挑战 扦插

挑战 压条

基本 基础工作

挑战 针对中级、高级园艺爱好者的工作

5月的绣球

5月，母亲节（5月第二个星期日）来临，花店会摆出许多美丽的盆栽绣球，供购买母亲节礼物的客人挑选。 同时，5月长假期间，攀缘绣球已经开花，它也是绣球中开花最早的品种。而其他品种绣球的花叶也已伸展长大，数量变多，整个植株被绿色覆盖。到5月下旬，绣球真正的开花期即将到来，生长较快的甚至已经长出了花苞。

K.Kawarada

锐齿绣球"花手球"

H. macrophylla var. *macrophylla*
'Hanatemari'

现在重瓣的球形绣球非常多，不过这种"花手球"才是最早出现的品种。花朵呈蓝紫色。

主要工作

基本 花后修剪

花朵凋谢后进行修剪

近年，花店在3月就会摆出盛开的绣球。如果购买了这种绣球，那么其开花期就会提早结束。花朵凋谢后，应当尽早进行修剪（请参见第58页）。

基本 栽种、翻盆

购买的植株需提前实施这些工作

如果是购买的植株，则需要比普通栽培的植株提前实施这些工作，在花朵凋谢、修剪完成后立刻进行栽种和翻盆（请参见第59页）。越早进行，之后植株就会长得越好。

挑战 扦插

可进行绿枝扦插

盆栽绣球的生产厂家一般会在5月中旬至6月上旬进行绿枝扦插（请参见第62页）。如果希望增加植株数量，此时也可进行绿枝扦插。如果只重视观赏性，则一般在花朵凋谢后再进行这一工作。

挑战 压条

确保植株数量增加

在9月前进行，参见第54页。

本月的管理要点

- ☀ 将植株置于日照充足处
- 💧 防止花盆中的土壤缺水。庭院栽培则无须浇水
- 🎲 为花朵凋谢的植株施肥
- 🐛 可能出现蚜虫、叶螨、淡缘蝙蛾的幼虫，可能染上锈病

管理要点

盆栽

☀ 摆放：将植株置于日照充足处

与 4 月相同，将植株置于日照充足的地方。如果植株已经开花，为了观赏，可将其移入背阴处。不过，如果植株未能显现出其品种的本来花色，或者尚处于花苞阶段，则需要继续接受日照。日照越充足，花的颜色就会越鲜艳。

💧 浇水：注意防止干枯

这个时期植株叶子变大，数量增多，花苞也在长大，因此土壤很容易变得干燥。同时，随着气温升高，日照增加，有更多的水分从土壤中蒸发，需格外注意，防止植株缺水。浇水时也不可浇得过多，需要慎重；也要避免忘记浇水导致新生花苞和花叶枯死。

🎲 肥料：为花朵凋谢的植株施肥

大部分植株此时开始开花，因此无须施肥。如果花期结束较早，可在花朵凋谢后施"月子肥"，如发酵油渣等固态肥料和缓释肥料。

庭院栽培

💧 浇水：无须浇水

🎲 肥料：无须施肥

病虫害的防治

蚜虫、叶螨

一旦发现蚜虫、叶螨，就要使用杀虫剂将其杀死。喷洒杀虫剂的时候，要注意不要漏掉叶子背面。

淡缘蝙蛾的幼虫

如果发现枝条被侵害，可将其剪下。

左图：幼虫侵害枝条，留下了锯末状的粪便。
右图：剪下遭受侵害的枝条，可看到其中藏有幼虫。

锈病

提前喷洒杀菌剂，以预防病害发生。

1 月

2 月

3 月

4 月

5 月

6 月

7 月

8 月

9 月

10 月

11 月

12 月

57

基本 购买的植株花谢后对其进行修剪

最佳时期：
花朵凋谢后立刻进行

专栏

花朵凋谢后立刻进行

修剪前的状态。图中的绣球品种为"城崎"，于3月、4月购入时盛开，花朵已经凋谢，于是立刻对其进行修剪。

→ 这里没有花芽

→ 这里有花芽

在花序向下第2节的生长点上方剪断

将长有花序的枝条剪下。首先在花序向下第2节的枝条上，寻找长有花芽的地方，然后在花芽上方剪断。离花序最近的一个生长点没有花芽，即便修剪的时候将其留下也不会发芽。

剪掉花序

按这一顺序剪掉所有花序，然后对植株进行翻盆（请参见第59页）。

了解花朵的凋谢

绣球花究竟何时才算凋谢？这个时间点很难把握。只要花朵尚存，人们大多会任其自生自灭，不做处理。其实，只要装饰花背面上翻露出，就证明这朵绣球花已经凋谢了，应当趁早将花序剪下。如果一直不剪，会影响新枝生长发育，无法分化出明年的新花芽。

不过，如果是以观赏为目的的，想要欣赏花谢后花朵颜色的变化，则可以暂时不剪花序。

装饰花背面上翻露出，说明花朵已经凋谢。

基本 购买的植株花谢后对其进行翻盆

最佳时期：
花朵凋谢后立刻进行

事先准备

❶需要翻盆的植株，❷略大一圈的花盆、❸土壤（例如含有4份赤玉土小粒，3份庭院土、3份腐叶土的混合土。这种土壤与市面上出售的培养土相比排水性更好）。

3 用土壤将根部土球与花盆之间填满

将植株根部放入花盆，调整高度，加入土壤后用小棍子轻戳，使植株根部和土壤更加紧密贴合。

1 弄碎根部土球

将植株连带根部土球从花盆里拔出，用剪子或刀子弄碎根部土球，使其变小。

4 给予充足水分

翻盆完成后，用水壶为植株充分浇水，当盆底流出的水变得清透时即可。

2 在花盆中装入土壤

在花盆底部铺上盆底网，加入少许土壤。

种下后不要急着施肥

花谢后可以给植株施"月子肥"。不过，翻盆、新栽种的植株要在种下后10~14天再进行施肥。这是因为，翻盆及栽种时可能会伤到植株根部，使根部比较脆弱，立刻施肥会对植株造成伤害。

June

6月

基本 基础工作

挑战 针对中级、高级园艺爱好者的工作

本月的主要工作

基本 花后修剪

基本 栽种、翻盆

挑战 扦插

挑战 压条

6月的绣球

6月是绣球的季节。6月上旬，锐齿绣球开花，6月中旬以后其他绣球都陆续开放。自开放至凋谢，花色的变化非常美丽，这也是绣球的一大观赏魅力。所有的绣球在开花伊始花色都是绿中带白，之后会渐渐生长为其品种特有的颜色。6月中旬开始进入梅雨季节，此时绣球花叶水分的蒸发量增加，急需补充水分，因此即便在多雨时节，也能茁壮成长。

栎叶绣球"冰雪女王"

H. quercifolia 'Snow Queen' = 'Flemygea'
花序较大，最大的特点是花序直立向上，不会向下生长。

主要工作

基本 **花后修剪**

尽早进行

为防止植株体力下降，保证其第二年也能顺利开花，需要在花谢后尽早将花序剪下。一般在花序向下2个生长点以下、有花芽的枝条上方剪断（请参见第58页）。当年没有开花的枝条也可留下，作为第二年开花的备选枝条。

基本 **栽种、翻盆**

花谢后尽早进行

如果是购买的植株，一般花朵会凋谢得较早，可在花谢后进行栽种和翻盆（请参见第50、59页）。

挑战 **扦插**

可进行绿枝扦插

花谢后可进行绿枝扦插（请参见第62页）。与冬季进行的休眠枝扦插不同，扦插绿枝时需要先给接穗浇水。

挑战 **压条**

确保植株数量增加

压条一般在春季至秋季期间进行。不过在6月进行压条，更容易生根，植株也会长得更好。可参见第54页。

本月的管理要点

- ❄ 将植株置于日照充足处
- 🌑 花盆表土发干时浇水。庭院栽培则无须浇水
- 🎲 施"月子肥"
- 🐛 可能出现蚜虫、叶螨、淡缘蝙蛾的幼虫，可能染上炭疽病、锈病、白粉病

管理要点

🔺 盆栽

❄ 摆放：将植株置于日照充足处

将植株置于日照充足的地方。虽然有些绣球在背阴处也会开花，但"红萼""红"等红色花、深色花如果不接受充足的日照，花朵就会变为白色，或者颜色不够鲜艳。如果想在室内观赏，则应当先让花朵接受日照，着色后再移入室内。

🌑 浇水：花盆表土发干时浇水

检查花盆表土，如果发干就需要浇水。绣球花叶的水分蒸发量高，因此水分稍有补给不足就会枯萎。另外，即使是下雨天，有时雨水也会打在花叶上，落在花盆外，导致花盆内的土壤依旧干燥。所以下雨天也需要格外留意。

🎲 肥料：施"月子肥"

花谢后施"月子肥"。例如，施少量发酵油渣等固态肥料和缓释肥料（用量可参见第83页）。如果觉得植株尚小，还希望让其长得更大，可在一个月后再施一次，肥料及用量相同。

🥛 庭院栽培

🌑 浇水：无须浇水

一般无须浇水，除非土壤多日持续极度干燥

🎲 肥料：施"月子肥"

与盆栽绣球一样，在花谢后施"月子肥"（请参见第83页）。

🥛🔺 病虫害的防治

蚜虫、叶螨

这个时期雨水较多，常会出现蚜虫、叶螨。喷洒药剂的时候要注意，不要忘记喷洒叶子背面。除叶螨时也可喷洒除螨剂。

淡缘蝙蛾的幼虫

这个时期，淡缘蝙蛾的幼虫活动开始频繁起来，会侵害枝条内部，需特别注意。如果发现有枝条被侵害，可将其剪下（请参见第57页）。

炭疽病、锈病、白粉病等

气温上升，湿度增加，植株感染各类病害的可能性也随之升高。可提前喷洒相关杀菌剂，以预防病害发生。

准备接穗

剪一段带有 2 个生长点的新枝（带有 4 片叶子），作为接穗。如右图所示，将每片叶子修剪至只剩 1/3，以减少其水分蒸发量。

给水

如果是绿枝扦插，则需要给水。将绿枝切口浸泡在水中 1h 左右，让其充分吸收水分。

插入接穗

在平盆中加入小粒鹿沼土（或小粒赤玉土、小粒蛭石），使土壤湿润，然后用一次性筷子戳出小洞，将接穗下部插入其中。最后可以按压根部，使接穗与土壤紧密贴合。

浇水

接穗与接穗之间要保持一定距离，以保证叶子不会彼此遮挡。扦插完毕后，充分浇水。

专栏

栽种前的养护

　　将接穗放在不被阳光直射的明亮处，充分浇水，保证土壤湿润。一般经过一个月左右就会生根，确认生根后可将整个花盆移至阳光下（如果是盛夏时节，则放在不被阳光直射的明亮处）。第二年春天以后，即可对其进行重新栽种。

接穗被扦插后一年，根部健康生长，可当作花苗进行栽种。

在 3.5 号 花 盆中加入盆栽土壤（请参见第 83页），进行栽种。

基本 对购买超过 2 年的植株进行花后修剪

最佳时期: 花朵凋谢后立刻进行

①

最佳时期：花朵凋谢后立刻进行

装饰花下垂，背面上翻，则说明花朵已经凋谢，之后应马上进行修剪（如锐齿绣球）。

②

花序向下第 2 节、长有叶片的生长点上方剪断

在花序向下第 2 节、长有叶片的生长点上方剪断。一般第一个生长点下的叶子周围不会长新芽，如果切点太靠下，可能就留不下新芽了。

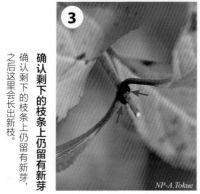

③

确认剩下的枝条上仍留有新芽

确认剩下的枝条上仍留有新芽，之后这里会长出新枝。

④

修剪完成

右图为修剪完毕的植株，长有花序的枝条全部进行了修剪。

⑤

新枝开始生长

③中的新芽开始生长。如果修剪较早，则新枝会长得很长，第二年末梢就会长出花芽。

将没有开花的枝条留下

如果是超过 2 年的植株，则会有一些枝条并不开花。当年虽然没有开花，但第二年仍然有开花的可能性，因此修剪时应当将其留下。

第二年开花的枝条

修剪较晚的枝条，还留有花序 →

63

梦幻的绿色绣球

20 年前，出现了一种绿色的锐齿绣球，引发了绣球爱好者们的关注。在绣球中，只有锐齿绣球"绿衣"和玉绣球"绿花玉"能开出绿花。而"绿衣"的一个植株上能同时开出花边形和球形两种花，实为少见。

日本已故绣球研究学者山本武臣曾提出：绣球开绿花，可能是因为生病。他委托日本植物病理学专家进行了检测，发现致使绣球开绿花的主要原因是一种名为植原体（Phytoplasma）的病原菌。当时的人们十分珍视这种绿花绣球，却在种植中发现，一些原本健康的植株也开出了绿花（与花谢后变色不同），甚至有的植株出现枯萎的情况。据此，人们怀疑这种病可能会在植株间传播。虽然它并不会导致所有植株枯萎染病，但如果某天，您种植的绣球突然开出了绿花，则需要特别注意了。

锐齿绣球"绿衣"。萼片为美丽的绿色，是天然品种，并非染病所致。

玉绣球"绿花玉"。

染病后开出的绿花。

去看姬绣球

在日本，姬绣球（*H. serrata subsp. yezoensis f. cuspidata*）种植最为广泛。可以说，绣球（原变种）和姬绣球是日本绣球的"双璧"。

姬绣球为球形，开花较早，花色为琉璃色[⊖]，花瓣扁平、细碎。花叶没有光泽，也不是很厚。按学名所示，姬绣球在分类上应该属于虾夷绣球，但与虾夷绣球"手球虾夷"等不同，姬绣球的花叶没有毛，人们也未发现过其野生品种。

最早发现这种绣球的是日本已故植物学博士牧野富太郎。1928年，牧野博士在日本长野、陆中地区进行标本采集旅行时发现了这种花。第二年，他将这一发现发表在了《植物研究杂志》上。虽然名字里带有"姬"的植物大多袖珍，但姬绣球却并不含此意。它姿态优美，不同于花叶厚而具有光泽的绣球（原变种），因此得名。

牧野博士的家里也种有姬绣球，不过在牧野博士去世后全部枯死了，而姬绣球也一度变成了神秘的品种。日本已故绣球研究学者山本武臣长年搜寻，后来从牧野植物园前任园长手中继承了牧野博士的家，这才在牧野植物园里再次发现了这种绣球。

日本江户时代末期的画作中也曾出现过具有明显姬绣球特征的元素。此外，1879年，英国植物学家查尔斯·马瑞斯（Charles Maries）将日本的绣球引入欧洲，开出了红色花朵，因而为其命名为"Hydrangea Rosea"。有人认为，这正是姬绣球，只是因为欧洲土壤呈弱碱性，所以开出了红花。

6月，不妨前往日本神奈川县镰仓市明月院或千叶县松户市本土寺等著名绣球观赏地，一睹数千株姬绣球盛开的风采。此外，日本全国各地的植物园、公园也都种植着姬绣球。

姬绣球。

NP-S.Maruyama

日本神户市立森林植物园的姬绣球。

NP-Y.Itoh

⊖ 琉璃色，日本传统颜色，鲜艳的蓝色中略带紫色。

7 月

基本 修剪

基本 翻盆

挑战 扦插

挑战 压条

基本 基础工作

挑战 针对中级、高级园艺爱好者的工作

7 月的绣球

山绣球一般开花至 7 月中旬。这个时期，梅雨季结束，夏季到来，绣球随之凋谢，花叶也会突然打蔫。7 月，高温和干燥天气持续，接受强烈日照后，花叶会变得焦黄，严重时甚至枯萎。必要时，可一天浇 2 次水，帮助绣球抵御夏季酷暑，同时保存秋季植株生长的体力，这些都与第二年能否开花息息相关。圆锥绣球在这个时期开花最盛，玉绣球则仍需等待一段时间才能迎来盛花期。

K.Kawarada

虾夷绣球"浓青"

H. serrata subsp. *yezoensis* 'Nousei'
仅在边缘开花，两性花为蓝色，装饰花为深蓝色，也是绣球中颜色最蓝的品种，由日本已故绣球花研究学者山本武臣在八甲田山山间发现。

主要工作

基本 修剪

尽早进行

修剪应当在花谢后尽早进行。修剪完成后，剩下的花叶旁会长出侧枝，第二年就会长出花芽。尽早修剪，也有助于枝条健康生长（请参见第 58、63 页）。

基本 翻盆

花谢后尽早进行

花谢后尽早为植株翻盆。市面上购买的盆栽绣球每盆的土壤都不一样，因此有时浇水等养护工作的要求也有所不同。将土壤换成日常使用的类型，养护起来也比较方便。

一般两三年进行一次翻盆，同样需要在花谢后进行（请参见第 59 页）。翻盆后需要注意，防止植株缺水，在植株生根前保证给水充足。7—8 月最好不要将植株移植到庭院里。

挑战 扦插

可扦插绿枝

可进行绿枝扦插（请参见第 62 页）。

挑战 压条

尽早进行

尽早进行压条（请参见第 54 页）。

本月的管理要点

❋ 梅雨季结束后将植株置于不被阳光直射的明亮处

◪ 防止花盆中的土壤缺水。庭院栽培则无须浇水

◨ 仅为花谢的植株追肥

◧ 可能出现叶螨、淡缘蝠蛾的幼虫，可能染上白粉病、炭疽病等

管理要点

⬆ 盆栽

❋ 摆放：**梅雨季结束后将植株置于不被阳光直射的明亮处**

梅雨季结束前，将植株置于日照充足的室外。梅雨季结束后，有时花叶会焦黄、缺水，甚至枯萎，应将其移至不被阳光直射的明亮处（但北美原产品种除外），阳光仅直射半日，或者有阳光透过的树荫下的地方最为理想。当然，也有一些帮植株遮光的办法（请参见第69页）。不过，如果全天都将植株置于背阴处，第二年可能会长不出花芽。

◪ 浇水：**防止花盆中的土壤缺水**

检查花盆表土，如果发干就需要浇水。梅雨期间也要时常检查。梅雨季结束后，高温和干燥天气持续，需要防止土壤缺水。夏季浇水，一般在早晨或傍晚，但如果有花叶打蔫，也可在白天浇水。如果土壤持续干燥，也可以一天浇2次水。

◨ 肥料：**仅为花谢的植株追肥**

基本不施肥，仅为花谢的植株追肥（请参见第83页）。

🗑 庭院栽培

◪ 浇水：**无须浇水**

一般无须浇水，除非土壤多日持续极度干燥。

◨ 肥料：**仅为花谢的植株追肥**

一般不施肥，仅为此时花谢的植株追肥，如山绣球等。

🗑⬆ 病虫害的防治

淡缘蝠蛾的幼虫

如果发现有枝条被侵害，可将其剪下（请参见第57页）。

叶螨

梅雨季结束后天气变得干燥，常会出现叶螨。可提前喷洒除螨剂，以预防虫害发生。

白粉病、炭疽病

可提前喷洒杀菌剂，以预防病害发生。

M.Usuda

被阳光直射后，花叶开始打蔫。

基本 基础工作

挑战 针对中级、高级园艺爱好者的工作

本月的主要工作

基本 修剪

基本 翻盆

挑战 压条

---

8 月的绣球

8 月持续高温与干燥，对于绣球来说，是一年中最难熬的时期。这个时期要特别注意，防止绣球缺水。盆栽绣球每天浇水一两次，而平时无须特意浇水的庭院栽培绣球在这时也会出现叶子打蔫的情况，可根据植株的实际情况适当给水。此时，绣球中开花最晚的玉绣球终于迎来了盛花期，日本神奈川县箱根地区山间可以欣赏到大片群生的玉绣球。

K.Kawarada

山绣球"知更鸟"

H. macrophylla var. *normalis* 'Rotkehlchen'
仅在边缘开花，装饰花的花瓣较圆，是深红色绣球的代表性品种，诞生于瑞士。

主要工作

基本 修剪

还未修剪的应立刻进行

山绣球在 8 月上旬就会凋谢。而开花较早的锐齿绣球、攀缘绣球、小攀缘绣球等如果在 7 月以后进行修剪，第二年就很难开花了。其他品种也是一样，如果没有及时修剪，第二年就可能长不出花芽，所以需要尽早修剪（请参见第 63 页）。

此外，开花较晚的植株也需及时修剪，去掉花序。被剪断的枝条上长出的侧枝发育不充分，第二年不会长出花芽。可将当年没有开花的枝条保留，第二年则会长出花芽，进而开花。

基本 翻盆

花谢后尽早进行

花谢后尽早为植株翻盆（请参见第 59 页）。高温期间最好不要将植株移植到庭院里。

挑战 压条

尽早进行

请参见第 54 页。

本月的管理要点

❄ 将植株置于不被阳光直射的明亮处

💧 防止花盆中的土壤缺水。庭院栽培时，土壤若持续干燥则需浇水

🎲 仅为花谢的植株追肥

🐛 可能出现叶螨、淡缘蝙蛾的幼虫，可能染上白粉病、炭疽病等

管理要点

⬆ 盆栽

❄ **摆放：将植株置于不被阳光直射的明亮处**

将植株置于不被阳光直射的明亮处。强烈的阳光直射会导致叶片焦黄，太过背阴又会导致第二年花芽发育不足。可如图片所示，使用苇帘或冷布为植株遮光，营造一个不被阳光直射的明亮环境。不过，栎叶绣球喜光，因此需要将其置于日照充足的地方。

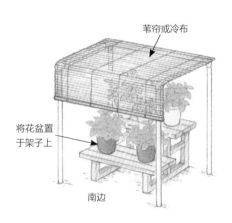

苇帘或冷布

将花盆置于架子上

南边

💧 **浇水：防止花盆中的土壤缺水**

检查花盆表土，如果发干就需要浇水。盂兰盆节（农历七月十五）来临前天气持续高温、干燥，要防止植株缺水。夏季一般于早、晚各浇1次水，但如果有花叶打蔫，也可在白天浇水。

🎲 **肥料：仅为花谢的植株追肥**

基本不施肥，仅为花谢的植株追肥（请参见第83页）。

🗑 庭院栽培

💧 **浇水：无须浇水**

如果天气持续高温且干燥，则需浇水。

🎲 **肥料：仅为花谢的植株追肥**

一般不施肥，仅为花谢的植株追肥（请参见第83页）。

🗑⬆ 病虫害的防治

叶螨

与7月相同，8月常会出现叶螨。叶子背面常藏有许多叶螨，应仔细喷洒除螨剂将其清除。

淡缘蝙蛾的幼虫

如果发现枝条上出现木屑，那么可能植株已被淡缘蝙蛾幼虫侵害，可将被侵害的细枝剪下（请参见第57页）。

白粉病、炭疽病

可提前喷洒杀菌剂，以预防病害发生。

本月的主要工作

基本 修剪

基本 栽种、翻盆

挑战 扦插

挑战 压条

基本 基础工作

挑战 针对中级、高级园艺爱好者的工作

9 月的绣球

8 月开始，玉绣球、圆锥绣球等品种陆续开花。9 月气温有所下降，花叶因缺水而焦黄的情况减少。10 月，第二年开花的花芽将开始在枝条内部生长。因此，9 月是需要充实枝条养分的关键时期。9 月中旬开始，需要让植株接受充足的日照，盆栽绣球则需要追肥。这个时期日本常遭受台风侵袭，强风会伤害花叶，影响光合作用的进行和花芽的分化。台风登陆前，应当将花盆移至避风的屋檐下或室内。

绣球花"深蓝马纳斯鲁"
H. macrophylla var. *macrophylla* 'Deep Blue Manaslu'
比较少见的深蓝色球形绣球。

主要工作

基本 修剪

开花较晚的品种此时修剪最为合适

9 月，从一些园艺专卖店可以买到盛开的玉绣球、圆锥绣球等开花较晚的品种。欣赏过后，需要尽快对其进行修剪。

基本 栽种、翻盆

可移至庭院栽种

9 月，花叶尚未落下，不过此时可以为盆栽绣球翻盆（请参见第 59 页）。9 月下旬至 10 月上旬可以将植株移植到庭院里。虽然需要剪断根部，但在入冬前根部仍会生长，因此过冬时不会受伤（请参见第 50 页）。

挑战 扦插

尽早进行

可能很多人不太了解，其实 9 月中旬至下旬绣球的根部生长得比较好，是最适合进行扦插的时候（请参见第 62 页）。扦插完成后，可将花盆置于屋檐下，直至 10 月结束。进入 11 月，将其移至没有加热装置的窗边。若置于室外，可能会冻伤植株。

挑战 压条

尽早进行

在本月结束前可进行压条，请参见第 54 页。

本月的管理要点

❄ 中旬以后将植株置于日照充足的地方

💧 防止花盆中的土壤缺水。庭院栽培则无须浇水

🎲 盆栽绣球每 10 天施 1 次液体肥料。庭院栽培时仅为花谢的植株追肥

🐛 可能出现叶螨、淡缘蝠蛾的幼虫，可能染上白粉病、炭疽病等

管理要点

⬆ 盆栽

❄ **摆放：9 月中旬以后将植株置于日照充足的地方**

9 月上旬，日照依旧强烈，与 8 月相同，将其置于不被阳光直射的明亮处，9 月中旬以后移至日照充足的地方。如果夏季曾进行遮光处理，也可继续保持，但需要逐渐延长植株接受阳光直接照射的时间；到 9 月下旬前后撤掉遮光材料，让植株接受日照。如果是栎叶绣球，则与 8 月相同，将其置于日照充足的地方进行养护。

💧 **浇水：防止花盆土壤缺水**

9 月中旬前后依然炎热，因此每天需要浇 1 次水，要防止植株缺水。9 月中旬以后，植株被移至日照较好的地方，容易干燥，因此要经常观察土壤的情况。

🎲 **肥料：每 10 天施 1 次液体肥料**

为促进枝条充分生长，每 10 天施 1 次液体肥料。

🥤 庭院栽培

💧 **浇水：无须浇水**

一般不浇水，不过 9 月上旬前，有时庭院栽培的土壤也会干燥。仅在土壤非常干燥的时候浇水，注意千万不要浇太多的水。

🎲 **肥料：仅为花谢的植株追肥**

一般不施肥，仅为花谢的植株追肥（请参见第 83 页）。

🥤⬆ 病虫害的防治

叶螨

与 8 月相同，9 月常会出现叶螨。如有发现，可喷洒除螨剂将其清除。

淡缘蝠蛾的幼虫

淡缘蝠蛾幼虫的侵害会使枝条枯死，对植株伤害很大。如果发现枝条上出现木屑，可将被侵害的细枝剪下（请参见第 57 页）。

白粉病、炭疽病

随着气温降低，植株很容易感染白粉病、炭疽病。预防白粉病非常重要，但这个时期即使喷洒杀菌剂也不会再有什么效果，可在染病花叶凋落后将其收集起来烧毁。

种植藤绣球、绣球钻地风

藤绣球可长出气生根，攀缘上其他树木，向上生长，并会开出白色花边形小花。

人们一般认为藤绣球喜欢生长在树林等阴暗的地方，但其实在日照充足的地方它也能开花。

藤绣球是日本绣球的一种

藤绣球（*H. petiolaris*）是日本北海道至屋久岛山间地区原生的一种绣球，在库页岛、济州岛和中国部分地区也有分布。

藤绣球会长出气生根，攀缘上其他树木。有人曾在日本山间的树林里发现过攀爬高度在10m以上的藤绣球。其花朵为白色，仅在边缘开花，每朵装饰花有4个花瓣（萼片）。

欧美国家常在住宅区种植这种绣球，用以绿化墙面。在日本，藤绣球今后也有望被广泛种植。

易于种植的绣球钻地风

散血藤（*Schizophragma hydrangeoides*）在分类上是一种不同属的绣球科分支，分布于日本北海道、本州、四国、九州地区。

与藤绣球相同，绣球钻地风也会生出气生根，攀缘树木或岩石，长度可达5~10m。花朵看起来和藤绣球相似，但藤绣球的装饰花有4个花瓣，而绣球钻地风的花只有1个花瓣。

绣球钻地风比藤绣球更耐干燥，更易栽培，在欧美国家被广泛种植。其花朵为粉色，花叶有带斑纹、绿色、金黄色多种，可用作墙面绿化或窗边绿化。

种植方法

　　藤绣球和绣球钻地风在小苗（藤蔓很细的幼苗）状态下不会开花，只有长粗到一定程度才会开花。自然状态下，藤绣球和绣球钻地风的藤蔓会长得很长。因此，种植于庭院时，会先让植株沿着围栏生长，使藤蔓变粗。当藤蔓生长到理想长度后，可将其末梢剪断，控制其生长，让侧枝长出来，侧枝的末梢会开出花朵。

　　市面上出售的花苗大多为扦插苗，即便插在花盆里也很难长粗。如果在花盆里种植藤绣球和绣球钻地风，同样先让其在庭院围栏上生长，长大后再移入花盆，这样也会使植株较早开花。藤绣球不耐干燥，因此要特别留意，防止其缺水。

绣球钻地风也会长出气生根，攀缘树木向上生长，并开出花朵。

绣球钻地风花的特点是只有 1 个花瓣。

绣球钻地风"月光（Moonlight）"的叶子为绿色系。

基本 基础工作

挑战 针对中级、高级园艺爱好者的工作

10 月的绣球

10 月，绣球枝叶生长，充满生机，枝条末梢的内部开始孕育第二年开花的新花芽。这个时期，最低气温开始下降，当低于 15℃时绣球就会停止生长，开始分化花芽。此时应当让植株接受充足日照，防止缺水，留心观察植株状态。6 月以后，花朵凋谢，植株得到养护管理，积蓄养分，其生长发育程度便影响着此时花芽的形成。

锐齿绣球 "七变化"
H. serrata 'Shichihenge'
仅在边缘开花，植株和花朵都比较小，呈深蓝色。

主要工作

基本 栽种、翻盆

在 10 月上旬前进行

落叶期间，最适合对盆栽绣球进行翻盆，或者移至庭院栽种。如果是当年新购买的植株，还未进行过栽种和翻盆，可在 10 月上旬前进行，植株比较容易存活，长出新根（请参见第 50 页）。特别是在寒冷地区，10 月中旬以后根部很难生长，需要在第二年的春天进行栽种和翻盆。

专栏

西博尔德的绣球

绣球的学名曾经为 *Hydrangea otaksa*。据说，种名 otaksa 正是源于德国医生西博尔德（Philipp Franz von Siebold）对妻子楠本泷的爱称[**お滝さん**（泷小姐）]的罗马音。西博尔德曾于 1823—1829 年以荷兰商馆医生的身份生活在日本。回国后，其在著作《日本植物志》中记载了 14 种绣球花。虽然它们的标准日本译名均为"绣球花"，但为了与其他绣球区别开来，也被称作"绣球（原变种）"（请参见第 6 页和第 16 页）。

本月的管理要点

❄ 将植株置于日照充足的地方

💧 如果花盆中的土壤发干，则需充分给水。庭院栽培则无须浇水

🎲 无须施肥

🐛 可能出现叶螨、淡缘蝠蛾的幼虫，可能染上白粉病等

管理要点

⬆ 盆栽

❄ **摆放：将植株置于日照充足的地方**

10 月已经无须担心花叶因日晒而焦黄，可放心将植株置于日照充足的地方。植株接受日照可以促进光合作用，使枝条发育得更加充分，同时有利于花芽分化。

💧 **浇水：如果花盆中的土壤发干，则需充分给水**

如果花盆表土发干，则需要充分补水。受寒冷天气的影响，有的品种在此时已经开始落叶。叶子减少后，水分的蒸发量也随之减少，所以花盆中的土壤反而不会那么容易干燥。

🎲 **肥料：无须施肥**

9 月已经施过了液体肥料，如果这个时期继续施肥，进入冬季休眠期前，枝条会继续生长。而随着气温下降，新长出的枝条会发育不充分，不够结实。入冬后，这些枝条将难以抵御低温的侵袭，严寒时期甚至会折断。因此，10 月已无须继续施肥。

🥛 庭院栽培

💧 **浇水：无须浇水**

🎲 **肥料：无须施肥**

🥛⬆ 病虫害的防治

叶螨

10 月仍可能出现叶螨，如有发现，可喷洒除螨剂将其清除。

淡缘蝠蛾的幼虫

随着气温下降，淡缘蝠蛾的幼虫变得不再活跃，渐渐冬眠。不过，10 月还是会有幼虫出现。如果发现枝条上出现木屑，可将被侵害的细枝整个剪下（请参见第 57 页）。

白粉病

如果发现有植株感染白粉病，可在花叶凋落后将其收集起来烧毁。落叶上带有病菌，烧掉落叶可避免第二年再次染病。仅通过喷洒杀菌剂很难完全预防和根治白粉病。

本月的主要工作

基本 修剪

基本 栽种、翻盆、分株

基本 防寒

基本 基础工作

挑战 针对中级、高级园艺爱好者的工作

11月的绣球

　　11月下旬,许多地区天降初霜,预示着开始进入冬天。相比降低的气温,其实绣球更加难以抵御干燥的寒风,枝条会从容易受风的上部开始干枯。另外,与10月相同,枝条末梢依旧在慢慢分化花芽。在寒冷地区,为了保护花芽不被冻死,需要提早采取防风措施。原产北美的"安娜贝尔"比较耐寒,此时的新枝会长出花苞,末梢基本也不会枯萎。

NP-A.Tokue

锐齿绣球"桃色泽"

H. serrata 'Momoirosawa'

"泽"指的是泽绣球,也是锐齿绣球的别名。"桃色泽"仅在边缘开花,花朵较小,呈粉色,颜色不受日照及土壤酸碱度影响,是一种非常优良的品种。"桃色泽"的植株看起来很温柔,枝条半垂。

主要工作

基本 修剪

整理混在一起的植株

　　绣球地面以上的植株会长出许多新枝。特别是庭院栽培的绣球,如果任其生长,植株很容易混生在一起,透气性变差,容易感染白粉病等。因此,我们需要将植株上的老枝、枯枝和那些混杂的枝条清理出来,进行修剪(请参见第79页)。进入落叶期后比较易于操作,3月中旬前均需修剪。如果植株没有出现枝条混生的情况,也可不必修剪。

基本 栽种、翻盆、分株

落叶后进行

　　落叶后的11月至第二年3月下旬是栽种、翻盆、分株的最佳时期(请参见第50、51、78页)。不过,寒冷地区的植株可能被冻伤,因此进入3月后再进行操作比较好。

基本 防寒

寒冷地区应提前进行

　　为保护第二年的花芽,寒冷地区需要为庭院栽培的绣球防风。可在整个植株上盖上冷布或草席。塑料布不透气,被太阳一晒会更加闷热,建议

本月的管理要点

❄ 将植株置于日照充足的地方

💧 花盆表土发干时浇水。庭院栽培则无须浇水

🎲 无须施肥

🍂 清理落叶

不要使用。如果植株原本就种植在温暖的地方，或者大树下、围墙旁，则无须进行防风处理。但在寒冷地区，还是要尽早为易受干燥寒风影响的绣球做好防风措施。

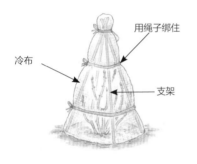

用绳子绑住

冷布

支架

在庭院栽培的绣球旁边立 3~4 个略高于植株的支架，然后裹一圈冷布，用绳子固定。

NP-A.Tokue

冬天的摆放位置
将花盆置于屋檐下等避风的地方。

管理要点

☝ **盆栽**

❄ 摆放：**将植株置于日照充足的地方**

　　与 10 月相同，继续将植株置于日照充足的地方。落叶后应将植株移至避风处，如屋檐下或建筑物一旁、围墙边等地方。如果是在寒冷地区，也可将其移至没有加热设施的室内。

💧 浇水：**花盆表土发干时浇水**

　　如果花盆表土发干，则需要充分补水。进入休眠期后，花盆中的土壤变得不那么容易干燥，但如果不及时给水，长期干燥的状态也会使植株枯萎，应时常留意花盆中土壤的状态。

🎲 肥料：**无须施肥**

🥤 **庭院栽培**

💧 浇水：**无须浇水**

🎲 肥料：**无须施肥**

🥤☝ **病虫害的防治**

清理落叶

　　收集感染白粉病的落叶，集中处理，可避免第二年再次染病。

77

盆栽植株翻盆

事先准备

❶ 需要翻盆的植株（此处使用的是 2 年没有进行过翻盆的锐齿绣球）。

❷ 土壤（请参见第 83 页）。

❸ 略大一圈的花盆。

在花盆中装入土壤

在新花盆中加入少许土壤，放入植株，调整高度，使土壤表面低于花盆边缘 3cm 左右，然后用土壤将花盆与植株之间的缝隙填满。

弄碎根部土球

将植株连带根部土球从花盆里拔出，用镊子弄碎根部土球，不小心剪断细根也没有关系。

使植株根部和土壤贴合得更加紧密

用筷子等轻戳土壤，使植株根部和土壤贴合得更加紧密。

去除三成旧土

去除旧土，主要是根部土球下侧土壤，大概去掉三成左右。

给予充足的水分

翻盆完成后，用水壶为植株充分浇水。

> **翻盆后的养护**

将植株置于日照充足处或不被阳光直射的明亮处。寒冷地区则需要置于避风处，如屋檐下或建筑物一旁、围墙边、无加热设施的室内等。

修剪前

　　庭院栽培的植株会长出很多枝条，枝条混生在一起时便需要进行修剪，去除枯枝，整理混生在一起的部分，但并不剪枝条末梢。如果是锐齿绣球，可能有时会很难区分哪些枝条已经枯死，可等到第二年3月，枝条发芽时再进行修剪。

① 需要修剪的植株

植株茎底部长出了许多枝条，使得透气性变差。

② 剪掉枯萎的枝条

用剪刀将枯萎的枝条从下方剪断。

③ 整理混生的枝条

整理混生枝条，将茎底部一些乱枝剪掉，注意保持植株整体平衡感。

④ 剪掉花序

如果枝条上还留有枯萎的花序，则在最靠上的花芽或叶芽上方将其剪断。

←—花芽

⑤ 修剪完成

清理乱枝后，植株变得非常清爽。这样的修剪也可防止植株进入成长期后长出过多叶子，彼此重叠，导致闷热不透气。

基本 基础工作

挑战 针对中级、高级园艺爱好者的工作

12 月的绣球

12 月，天气越发寒冷，绣球的叶子落尽，只剩下枝条。此时的植株已进入休眠期，停止生长，不过自 10 月开始，枝条末梢已经在缓慢进行花芽的分化。受每年天气影响，分化时间有所不同，速度快的话 12 月下旬就会结束休眠，开始苏醒。第二年 3 月上旬之前都是冬季作业的最佳时期，可进行休眠期的修剪、栽种、翻盆和分株。此外，12 月下旬开始是施寒肥的最佳时期。

K.Kawarada

锐齿绣球"丸瓣红萼"

H. serrata 'Marubenigaku'

人们经常把"丸瓣红萼"与著名的"红萼"混淆，但"丸瓣红萼"仅在边缘开花，花瓣边缘没有锯齿，两性花一般为蓝色或红色，很容易与"红萼"区分开来。阳光照射下，"丸瓣红萼"呈现如图所示的颜色，但在背阴处则为白色。

主要工作

基本 修剪

整理混在一起的植株

与 11 月相同，此时对植株进行休眠期的修剪，请参见第 79 页。此时枝条末梢花芽分化基本结束。需要注意的是，绣球的花芽只生在枝条末梢，如果剪掉所有枝条，第二年就不会开花了。这个时期修剪的关键是需要将植株上混生在一起的枝条清理出来。

基本 栽种、翻盆、分株

非寒冷地区可进行

与 11 月相同，此时可进行栽种、翻盆、分株。如果植株叶子全部落尽则更便于操作。不过，寒冷地区的植株可能被冻伤，因此进入 3 月后再进行操作比较好。

基本 防寒

寒冷地区切勿忘记

在寒冷地区，要为植株进行防风处理，并且应提早进行，可在整个植株上盖上冷布或草席，可参见第 77 页。另外，积雪有防寒作用，因此有积雪覆盖的地区可省略这个工作。

本月的管理要点

❄ 将植株置于屋檐下等避风处

💧 花盆表土发干时浇水。庭院栽培则无须浇水

⚫ 下旬开始施寒肥

🌸 无

管理要点

🔼 盆栽

❄ **摆放：将植株置于屋檐下等避风处**

与 11 月相同，本月继续将植株置于屋檐下等避风处，也可置于阳光不直射的明亮处。

💧 **浇水：花盆表土发干时浇水**

如果花盆表土发干，则需要充分补水。虽然这个时期浇水可能导致土壤冻结，但还是需要先保证土壤不干燥。完成栽种、翻盆后可立刻浇水。

⚫ **肥料：无须施肥**

在 12 月下旬至第二年 2 月上旬施寒肥，可施有机肥料，2~3 年生的植株施油渣等氮素肥料即可，4 年以上生的植株可施由 7 份油渣、3 份骨粉组成的混合肥料。如果是盆栽植株，5 号花盆一般施 10g 肥料，6 号花盆一般施 20g 肥料。因为花盆容量相对较小，所以施肥时不要一次多量，而应多次少量（请参见第 83 页）。但要注意的是，如果是秋季以后翻盆的植株，则无须再施肥了。

🔼 庭院栽培

💧 **浇水：无须浇水**

⚫ **肥料：12 月下旬开始施寒肥**

在 12 月下旬至第二年 2 月上旬施寒肥，所用肥料与盆栽绣球一样，用量一般为每棵成熟植株施 100g。秋季以后栽种的植株则无须施肥。

🔼🔼 病虫害的防治

无。

施寒肥的方法

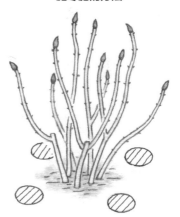

在庭院栽培的植株周围浅浅地挖三四个洞，加入有机肥料即可。

绣球栽培的基本要领

植株的挑选方法

尽量先了解开花后的样子再进行挑选

一起来寻找心仪的绣球吧！建议大家在3—5月多逛逛花店，了解各品种实际开花后的样子再进行挑选。

花店一般在3月前后就会摆出盆栽绣球及花苗，母亲节前后的4月下旬至5月中旬盆栽绣球尤其常见。而在绣球花原本的花期，即6—7月，花店里反而不常见到绣球。

而在专门销售庭院栽培的绣球及花木的店铺，一般全年都能买到绣球植株。在这里，不仅能买到稀有品种，店员也有着丰富的知识和栽培经验，购买时可先向店员咨询，选择适合自己的品种。

另外，购买时请尽量挑选品种明确（带有品种名标签）的植株。下面为您介绍不同品种购买时的诀窍和注意事项。

山绣球

市面上出售的大多是正在开花的植株，很少有花苗，挑选时应先对花朵进行确认，尽量挑选刚刚开花的植株。如果是花边形绣球，则应选择两性花尚为花苞，或者刚刚开花，还带有花苞的植株。如果是球形绣球，则应选择花序形状紧致的植株。此外，还要注意挑选花茎坚实、花叶没有枯萎、带有绿色叶片（彩叶品种除外）的植株。

锐齿绣球

一般花店里出售的开花植株和花苗都不多，购买前最好先在绣球专卖店进行确认。

锐齿绣球与山绣球相比更难栽培，浇水等栽培养护稍有变化就可能导致植株枯萎。购买后需要经常观察，一旦发现植株异常就要立即换土，重新栽种。此外，锐齿绣球的花苗如果太小，很容易枯萎，所以购买时尽量挑选大一点的植株。

其他绣球

购买外国品种的绣球时，不要只顾着选择花朵美丽或珍贵少见的品种，购买前应当认真观察花木的状态及叶子的颜色，如枝叶生长状况、花枝粗细等。现在，花店里也能见到许多颇具人气的外国品种，但还是绣球专卖店里的品种更为丰富。

土壤、肥料、花盆的挑选方法

▶土壤：选择排水性较好的土壤

请选择排水性较好的土壤。可以小粒赤玉土为基底，配合使用多种土壤。如果日常习惯使用的土壤排水性能很好，也可继续使用。

调配示例
- 小粒赤玉土7份、腐叶土3份。
- 小粒赤玉土4份、庭院土3份、腐叶土3份。
- 小粒赤玉土6份、鹿沼土或山砂4份。
- 市面出售的庭院花木种植培养土壤5份、小粒赤玉土5份。

▶肥料：适时适量施肥

寒肥 休眠期里施寒肥，为植株春季生长做准备。施寒肥的最佳时期为12月下旬至第二年2月上旬，可选择有机肥料，如固态肥料发酵油渣，或者由7份油渣与3份骨粉组成的混合肥料。庭院栽培的植株单次施肥量没有限制，1次施完即可；盆栽植株因花盆容量有限，每次不宜施肥太多，每月分为两三次施用。

施肥标准
- 庭院栽培的植株（5年生植株=花苗扦插成活后第5年）100g。
- 盆栽植株：5号花盆，每次5g，两三次。
- 盆栽植株：6号花盆，每次10g，两三次。

追肥（月子肥） 花谢后1~1.5个月可施月子肥。除发酵油渣等固态肥料外，也可使用缓释肥料（N-P-K=10-10-10等）。每月施一两次，每次少量。

施肥标准
- 庭院栽培的植株（5年生植株=花苗扦插成活后第5年）50g。
- 盆栽植株：5号花盆，每次5g，一两次。
- 盆栽植株：6号花盆，每次10g，一两次。

NP-A.Tokue

市面上出售的适用于不同花色的肥料。例如，蓝花（图左）、红花（图右）品种专用肥料。

▶花盆：驮温盆最佳

驮温盆通气性适当，使得植株根部不易受伤，最适合用于栽培。素烧盆太过通气，容易造成土壤过干，并不适合喜湿的绣球。

NP-M.Fukuda

驮温盆，通气性适当，利于植株茁壮生长。

购买的植株，待花谢后进行翻盆

买来作为母亲节的礼物

现在，在母亲节选购绣球作为礼物已经变得稀松平常。与传统的康乃馨相比，盆栽绣球开花时间更长，花序形状和花色也更加丰富，因此成为许多人母亲节送礼的选择。

同时，也有越来越多的人表示，华丽的绣球凋谢后，植株不见了原有的茁壮劲头，长势越来越差，令人苦恼。

其实，为了赶在母亲节前上架，这些绣球都是在温室等特殊环境里培养而成的，所以开花早于其原本的花期——6月。因此，购买后，需要让植株配合自家环境，重新开始正常的生长循环过程。

花谢后立刻进行翻盆

当年购买的植株在花谢后应立刻进行翻盆（请参见第 59 页）。这个时期，市面上也会出售正在开花的锐齿绣球。如果购买了锐齿绣球，在购入后立刻进行翻盆最为保险。

盆栽绣球盘根很快，如果放任不管，其根部会交错在一起，水分消耗也会变快，到了夏天需要时常浇水。因此，在翻盆换土时，不能将其换入相同大小的花盆里，而是要换到大一圈的花盆里。

每个生产厂家所用的培养土壤不尽相同，通过翻盆，也可换为自己习惯使

盆栽绣球的生长循环过程

第一年

买入时（5月左右）

夏季至秋季
剪掉花序后，长出侧枝。

冬季

用的土壤。此外，在翻盆的同时，也可对带有花序的枝条进行修剪（请参见第58页）。

如果是绣球专卖店自己生产的，或者自家培养 2 年以上的山绣球和锐齿绣球植株，这个时期也不一定非要进行翻盆，在花谢后进行修剪即可（请参见第 63 页）。

专栏

绣球与矮化剂

需要注意：市面上出售的盆栽绣球植株一般都会使用一种名为"矮化剂"的激素药剂，为的是抑制植株高度，使其与花盆保持平衡，同时也促使其开更多的花。

市面上出售的花苗一般正处于其样子最漂亮、状态最好的时候。当矮化剂的作用渐渐失效，植株越长越大时，狭小的花盆会难以容纳。如果不及时翻盆，植株的生长情况可能会日益变差。

最近，每年 4—5 月，市面上也有越来越多的锐齿绣球开花植株出售。使用了矮化剂的锐齿绣球花朵会变大，甚至变得像其他品种。但这样的锐齿绣球比山绣球更为脆弱，如果不加以精心养护则很容易枯萎，所以趁早进行翻盆换土非常重要。

第二年以后

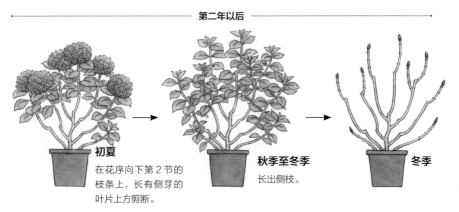

初夏
在花序向下第 2 节的枝条上，长有侧芽的叶片上方剪断。

秋季至冬季
长出侧枝。

冬季

※有些花店出售的植株会在第二年开始长势变差。继续培育，第3年即可恢复，继续开花。

修剪小诀窍

一般在花谢后进行修剪

提起修剪，人们一般会认为绣球也和其他庭院栽培的草木一样，适合在冬季休眠时进行修剪。其实，10—12月，绣球在枝条末梢长出花芽，如果在冬季修剪枝条，可能会剪掉新生的花芽，导致第二年无法开花。

为了保证第二年能正常开花，花谢以后需要尽早进行修剪。花朵凋谢后，在花序向下第2节的叶片上方剪断。之后，剩下的叶柄基部与枝条间的小芽生长出新的枝条，发育充分后就会长出花芽。所以，如果花谢后没有及时修剪，新枝没有足够时间充分发育，可能会来不及从10月开始分化花芽。

装饰花背面上翻露出，就可以进行修剪了

刚开始养绣球的时候，许多人看到花朵还没有完全枯萎，不知道如何判断花谢的时间。不要因为花序还在就迟迟不去修剪。正如第58页所讲，当装饰花背面上翻露出时，就证明花朵已经凋谢，需要尽早进行修剪。

不同绣球品种的开花期及花谢后的修剪时期　■ 开花期　■ 修剪时期

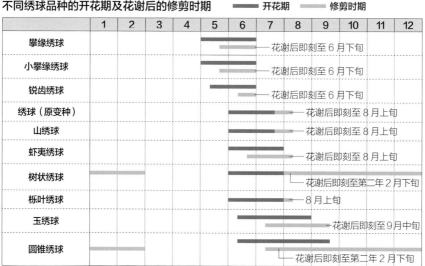

	1	2	3	4	5	6	7	8	9	10	11	12
攀缘绣球					■	■	花谢后即刻至6月下旬					
小攀缘绣球					■	■	花谢后即刻至6月下旬					
锐齿绣球					■	花谢后即刻至6月下旬						
绣球（原变种）						■	■ 花谢后即刻至8月上旬					
山绣球						■	■ 花谢后即刻至8月上旬					
虾夷绣球						■	■ 花谢后即刻至8月上旬					
树状绣球						■	■ 花谢后即刻至第二年2月下旬					
栎叶绣球						■	8月上旬					
玉绣球						■	■ 花谢后即刻至9月中旬					
圆锥绣球					■	■	花谢后即刻至第二年2月下旬					

花后修剪

带有花序的枝条　　最上面的节点没有新芽

长有新芽

没有花序的枝条

在花序以下第 2 节
的叶片上方剪断

如果想要让植株变小，
可以在最底层的叶片上
方剪断

不做修剪，第二
年会开花

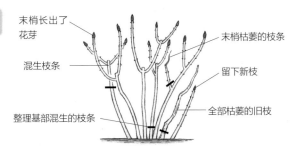

休眠期的修剪

末梢长出了
花芽

混生枝条

整理基部混生的枝条

末梢枯萎的枝条

留下新枝

全部枯萎的旧枝

不要剪掉当年没有开花的枝条

花后修剪的另一个关键要点是不要剪掉当年没有开花的枝条。这些枝条此时已经长出许多花叶，发育充分。将它们保留下来，待其枝条继续生长，与当年开花的枝条相比更可能生芽、开花。因此，仅修剪当年开花的枝条即可。

冬季修剪应剪掉不需要的枝条

此外，冬季修剪主要是剪掉枯枝和清理混生枝条。这些工作虽然随时都可进行，但冬天是落叶期，更容易看清植株，操作方便。

庭院栽培的绣球经过几年的生长，基部更容易长出许多乱枝。许多旧枝已经完全枯萎，可用剪刀剪掉。有时基部还会长出许多枝条，发育时叶子彼此重叠，会影响其对阳光的吸收，所以可从基部将混生的枝条剪下。30 多根混生枝条中剪掉 10 根左右即可。

在这个时期整理旧枝条，保留新生枝条，可以使植株的枝条整体更新。

问答 Q&A

绣球不开花？花色不好？植株长得太大？
集中为您解决有关绣球栽培的各种问题与烦恼。

**我种的绣球为什么
不开花？**

**一般有以下4种常见原因，
看看你的原因属于哪种。**

【原因1】修剪太迟

绣球一般要在花谢后进行修剪。山绣球和绣球（原变种）要在8月上旬前修剪，锐齿绣球（虾夷绣球除外）要在6月进行修剪（请参见第86页）。绣球从10月开始分化花芽，修剪太迟会导致枝条发育不充分，无法长出花芽，继而影响第二年开花。

虽然人们一般认为庭院栽培的花木需要在冬天修剪，但绣球只要在花谢后及时修剪，冬季修剪就可以省略。如果没能及时修剪，不如索性放弃当年开过花的枝条，将其剪断；同时保留当年没开花的枝条，因为它们第二年开花的可能性更大。

另外，如果冬季修剪所有枝条的末梢，花芽也会随之被剪掉，第二年则不会开花。

【原因2】正处于植株买入后的第二年

母亲节收到或购买的绣球植株，有一些第二年却不再开花。出现这种情况，一方面是因为生产厂家与自家栽培绣球的环境差异较大；另一方面，有一些厂家会使用矮化剂，以保持植株形态优美，打乱了植株正常的生长过程。

如果是买来的绣球，可以在欣赏过后为其翻盆换新土，让植株尽早适应自家的栽培环境。一般经过正常的养护管理，第三年植株就会继续开花了。

【原因3】植株吹了干燥的寒风

绣球一进入12月就会落叶，仅靠枝条过冬。枝条末梢会长出花芽，但同时也最容易受寒风侵袭。干燥的寒风对绣球危害尤其大，会伤害其新生花芽，导致第二年无法开花。

如果是盆栽绣球，可将其移至避风

的屋檐下或没有暖气的室内。如果是庭院栽培的绣球，栽种时应尽量避开冬季常吹风的地方。可参见第 77 页，为植株进行防寒（防风）处理。

【原因 4】植株生长在背阴处

很多人认为绣球喜阴，但事实上，植株在背阴处无法充分进行光合作用，枝条也无法发育健全，因此不会开花。特别是山绣球，大多原生于近海边的山坡上，原本就是在阳光下生长的植物。

盆栽绣球在盛夏时需要置于不被阳光直射的明亮处，3 月中旬至 11 月中旬基本都需要接受充足日照进行培育。庭院栽培的绣球在种植时也要充分考虑春季至秋季的日照情况，选择合适的位置。

夏季，叶子打蔫，开始枯萎。

叶子打蔫是危险的信号，需要立刻浇水。

夏季，如果浇水不及时，叶子就会打蔫，严重时会变得焦黄、枯萎。一旦失去叶子，植株就无法进行光合作用，会渐渐地死去。

一般情况下，只要发现土壤表面发干，就要充分浇水。特别是盆栽绣球，盛夏时节，连日干燥，有时一天甚至要浇两次水。有的人只在早晨和傍晚浇水，白天即使气温升高也不浇水，这种做法是错误的。叶子打蔫是危险的信号，一旦发现就需要马上浇水，放任不管则会导致叶子枯萎。

但在梅雨季节或多阵雨的时节，反而也有很多人因浇水不当而影响植株生长。特别是盆栽绣球，人们时常认为有了雨水就不用浇水了，但实际上雨水被叶片挡在外面，花盆里的土壤依旧干燥。有时阵雨过后，突然天晴，阳光直射下，叶子全部打蔫。所以，应当定期查看花盆中土壤的干燥程度，适当浇水。此外，每两年为植株翻一次盆，会使其根部不易交错混生在一起，花盆中的土壤也会较少出现极其干燥的情况。

也有人为了避免叶子打蔫，在土壤还没有发干的时候就频繁浇水。这样会使植株经常性渴求水分，土壤稍干燥叶子就很容易打蔫。根据栽培环境，选择合适的浇水量和浇水时间非常关键。

Q 种的是品种为"红"的绣球，为什么开出的花却不是红色的？

A 每天让植株接受半天以上的日照。

锐齿绣球"红""红萼"都是红花品种，但在背阴处生长就会开白花，直至凋谢，而在日照充足的地方花朵就会变为红色。如果是庭院栽培的绣球，栽种时应充分考虑春季至秋季阳光的角度变化，选择能让植株每天晒半天太阳的地方。对于盆栽绣球，也应将花盆置于同样的位置。

Q 能让庭院里的蓝色绣球变成红色吗？

A 将土壤调整为碱性即可。

一般情况下，绣球在碱性土壤里生长，花朵颜色会变红。日本的土壤基本为弱酸性，因此种出的绣球很难变成红色。可参见第10页，在植株萌芽前和5月开花期到来于土壤中加入苦土石灰，每棵植株施一把即可，也可使用市面上销售的红花品种专用肥料（请参见第83页）。不过，花色也会受到品种限制和其他条件影响，使用这种方法，并不一定就能使绣球开出红花。

Q 庭院里的绣球从蓝色变成了粉色，有什么办法能让它再变回原来的蓝色？

A 在土中加入未调整酸度的泥炭藓，混合均匀。

休眠期时，在绣球植株周围加入未调整酸度的泥炭藓，混合均匀。同时，在施寒肥时可使用蓝花品种专用肥料（请参见第83页），或者硫酸钙、硫酸铵等酸性肥料，每棵植株施一把即可。

Q 为什么同一个地方会开出不同颜色的花？

A 这种情况很常见。

土壤酸碱度会影响花色的变化，但有时同一个地方会同时开出蓝色、粉色等不同颜色的花。这是因为，虽然是同一个地方，但土壤状态依旧有着细微差别，酸碱度并不均等。因此，这种情况并不罕见。此外，除了受植株状态影响外，绣球自开花至凋谢，花色也会发生变化。

Q 如何将长大的绣球植株修剪得小一些?

Q 栽种 5 年的栎叶绣球植株越来越大，令人苦恼。

A 可放弃第二年开花，将所有枝条剪短。

A 花谢后在枝条最下面的叶子上方进行修剪。

如下图所示，可在不长叶子的节点剪断。虽然没有叶子，但仔细寻找，还是可以找到节点的。在节点以上剪断，之后节点还会长出新芽。

使用这种方法，必须要把所有枝条都剪短。如果只剪短一部分，未被修剪的枝条可能会生长过盛，导致被修剪的枝条无法发芽，枯萎而死。

不过，将所有枝条剪短后，第二年植株就不会开花了，再等待一年，也就是第三年时，植株还会重新开花。

如果每年都想看到绣球开花，则可以在花谢后立刻像第 87 页所述，在最下面的叶子上方将枝条剪断。不过，这种修剪方法无法使植株变小。

要想让栎叶绣球的植株变小，可以在花谢后进行修剪，在枝条最下面的叶子上方剪断。如果没有在最下面留叶子，很可能导致枝条枯萎，修剪时需要特别注意。

绣球的花芽一般在 10—12 月分化。如果修剪时间太晚，则会导致枝条新梢养分积蓄不足，因此要在花谢后立刻进行修剪。

植株过大的栎叶绣球的修剪方法

在最下面的叶子上方剪断

对长得过大的植株进行修剪

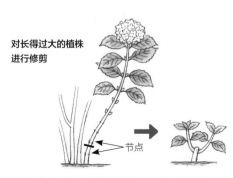

节点

将所有枝条在基部节点以上剪断

修剪当年的夏季至秋季，植株生出侧芽，长出叶子。

第二年枝条变长，但不会开花，下一年（第三年）会重新开花。

"安娜贝尔"的修剪应当在何时进行?

 秋色绣球能欣赏到什么时候?

A **早春进行修剪,4月即可长出新芽。**

树状绣球"安娜贝尔"与紫薇、木槿一样,都是在4月长芽,之后在新梢上长出花芽。因此,"安娜贝尔"需要在4月前的早春时节进行修剪。如果在冬季出现枯枝,可在早春时沿地面将其剪断,之后植株依旧可以开花。不过,如果植株上的花枝太细则无法开花。"安娜贝尔"与圆锥绣球特性相仿,但不同的是,修剪"安娜贝尔"时一般要保留枝条一半的长度。

A **不考虑第二年是否开花的话,可以在秋季结束前一直欣赏。**

秋色绣球是一种可以变色的绣球,在三个月至半年的时间里,花朵的颜色会发生各种变化。不过,从秋色绣球开花至秋季结束,如果不对花序进行修剪,第二年植株很可能不再开花。如果种植了秋色绣球,不妨选择顺其自然的栽培方式,即放弃第二年的开花,让其隔年开花。

如果希望秋色绣球年年开花,则需要尽早剪掉花序。可在秋季翻盆,将其换至大一圈的花盆里,冬季注意防寒,避免花芽枯死,并施寒肥。另外,如果想让秋色绣球呈现出美丽的颜色,则需要在买入开花的植株后,将其置于通风良好、凉爽的向阳地带。

早春修剪后,"安娜贝尔"的枝条两侧长出了新芽,新梢上长出了花芽。

 扦插后何时移栽上盆?

 第二年的3月。

绣球一般在5—7月进行绿枝扦插,扦插后一个月就会生根。

但这个阶段花苗尚弱，如果一根一根移栽上盆，可能会无法扎根。因此，扦插后，一般在第二年3月以后上盆。春分前移栽上盆，花苗容易扎根，生长快的话当年就可开花，慢的话第二年（扦插后第三年）也会开花（所用土壤请参见第83页）。

如果在冬季使用休眠枝条进行扦插，一般也是在第二年3月移栽上盆。另外，如果希望将扦插花苗移至庭院，需要先将花苗上盆培养1~2年，待植株长大后再移至庭院比较保险。

 做成鲜切花后很快就打蔫了。有什么补水的好办法吗？

 烧灼切口。

绣球的水分供给很难控制。将切口向上几厘米处的皮削掉，或者在切口处剪十字刀，可以增加吸水面积。同时，用打火机将切口烧黑，然后迅速插入水中。通过烧灼切口，植株导管中的水分会变为蒸汽，膨胀起来，大气压力会将水分压入，能够促使其更好地吸收水分。

Q 日本北方地区也可以种绣球吗？

A 可在多数地区种植，冬季注意防寒风即可。

大部分绣球十分耐寒，即使是日本北海道南部也可种植。不过，绣球很怕干燥的寒风，如果露天被风吹，长有花芽的枝头很快就会枯萎。积雪的地区，植株被埋在雪里，反而会生长得很好。

盆栽绣球需要移动到避风处，如果移至室内，则需要保证室内无加热装置。庭院栽培的话请选择耐寒性较好的品种，冬季可在植株周围盖上冷布或防风网（请参见第77页），以起到防风、防寒的作用。等到3—4月，天气转暖，再对植株进行栽种、翻盆或修剪。

锐齿绣球分布在日本本州的关东以西地区及四国、九州，这些地方气候比较温暖，因此锐齿绣球耐寒性较差，种植在花盆中比较安全。不过，与锐齿绣球相同分支的虾夷绣球则可以在日本北海道南部种植（姬绣球不耐寒，需要特别注意）。另外，原产于北美的品种耐寒性较好，所以无须防寒。

日本观赏绣球的著名景点

日本各地分布着许多绣球观赏胜地。下面为您介绍一部分代表性景点。绣球盛开之际，不妨亲自前往，一睹其美丽姿态。

※ 门票等费用仅供参考。

陆奥绣球花园
岩手县一关市

最佳观赏期：6月下旬至7月下旬。/ **特色**：在长2km的散步道两侧种植了500种计6万株绣球，包括锐齿绣球、西洋绣球等多个品种。参观大概需要2h。/ **门票**：大人800日元/人，儿童400日元/人。

四季之乡 绿水苑
福岛县郡山市

最佳观赏期：6月中旬至7月中旬。/ **特色**：回游式庭园，可以欣赏到四季花草，园内种有5000株绣球。**门票**：大人500日元/人，中小学生300日元/人（5月1日—7月20日）；大人300日元/人，中小学生200日元/人（4月，7月21日—12月20日）。

保和苑
茨城县水户市

最佳观赏期：6月中、下旬。/ **特色**：日式庭园，种植着100种共计6000株绣球。每年6月中旬会举办"水户绣球节"。

本土寺
千叶县松户市

最佳观赏期：6月上、中旬。/ **特色**：本土寺是700年前由日莲圣人命名的名寺，也因"花之寺"而闻名，寺院内种植着1万株绣球。**门票**：500日元/人。

高幡不动尊
东京都日野市

最佳观赏期：6月上旬至7月上旬。/ **特色**：种植着250种共计7500株绣球，以锐齿绣球为主，还包括杮叶绣球等品种。6月会举办绣球节。

相模原麻沟公园
神奈川县相模原市南区
相模原北公园
神奈川县相模原市绿区

最佳观赏期：6月上旬至7月中旬。/ **特色**：相模原麻沟公园种植着200种共计7400株绣球；相模原北公园种植着200种共计1万株绣球。

明月院
神奈川县镰仓市

最佳观赏期：6月中、下旬。/ **特色**：关东代表性的种植绣球的寺院。6月，明月院内2500株姬绣球竞相开放。此外，这里还种植了西洋绣球、山绣球、杮叶绣球。寺院内还有北条时赖的墓地和时赖庙。**参拜费用**：大人500日元/人，中小学生300日元/人。

北镰仓古民宅博物馆
神奈川县镰仓市

最佳观赏期：5月下旬至6月下旬。/ **特色**：在"绣球长廊"周围，种植着100种共计250株珍稀品种的绣球，多以小型锐齿绣球为主。**入馆门票**：500日元/人。

箱根登山铁道沿线 神奈川县箱根町	**最佳观赏期**：6月中旬至7月中旬。 / **特色**：箱根汤本站至雕刻之森站区间，透过车窗可望见沿线的绣球，非常震撼。
小室山妙法寺 山梨县南巨摩郡	**最佳观赏期**：6月下旬至7月上旬。 / **特色**：可以欣赏到2万株绣球。每年6月下旬，还会举办"小室山妙法寺绣球节"。 / **参拜费用**：300日元/人（用作管理、培训）。
县民公园　太阁山乐园 富山县射水市	**最佳观赏期**：6月中旬至7月上旬。 / **特色**：这里种植着70种共计2万株绣球。每年6月下旬正值赏花的最佳时期，这里还会举办"绣球节"，同时，也会举办古筝演奏会、茶会。盛开期间的周末，公园还会为绣球点亮夜灯。 / **停车费**：390日元/天（普通车）。
大塚性海寺历史公园·性海寺 爱知县稻泽市	**最佳观赏期**：6月中、下旬。 / **特色**：种植着90种共计1万株绣球。从每年6月1日起会举办为期三周的"绣球节"，还会举办绣球茶会。
三室户寺 京都府宇治市	**最佳观赏期**：6月中、下旬。 / **特色**：种植着50种共计1万株绣球，在杉木间盛开的样子宛如一幅紫色画卷。 / **门票**：大人500日元/人，儿童300日元/人（平时）；大人800日元/人，儿童400日元/人（绣球花园开园期间）。
神户市立森林植物园 兵库县神户市	**最佳观赏期**：6月上旬至7月上旬。 / **特色**：种植着姬绣球、锐齿绣球等25种共计5万株绣球，其中的3000株"梦幻之花""七段花"堪称整个植物园的精华。 / **门票**：大人300日元/人，中小学生150日元/人。
月照寺 岛根县松江市	**最佳观赏期**：从6月中旬开始，约持续一个月。 / **特色**：月照寺是著名的"山阴绣球寺"，种植了山绣球等3万株绣球。 / **门票**：大人500日元/人，中学生300日元/人，小学生250日元/人。
绣球之乡 爱媛县四国中央市	**最佳观赏期**：6月中、下旬。 / **特色**：种植着2万株绣球，是观赏绣球的胜地。每年6月中、下旬会举办"新宫绣球节"，还会出售"绣球见团子"等特产，吸引了诸多游客，非常热闹。
见归瀑布 佐贺县唐津市	**最佳观赏期**：6月中旬。 / **特色**：壮观的瀑布和绣球相映成趣。这里种植着姬绣球、山绣球、锐齿绣球等25种共计2万株绣球，6月还会举办"绣球节"。 / **停车费**：500日元/天（普通车、轻型车）。

※ **参考资料**

「日本のアジサイ図鑑」（川原田邦彦、三上常夫、若林芳樹著、柏書房）
《日本绣球图鉴》（川原田邦彦、三上常夫、若林芳树著，柏书房）

「週刊朝日百科 植物の世界58」（朝日新聞社）
《周刊朝日百科 植物的世界58》（朝日新闻社）

「アジサイ」（山本武臣著、ニュー・サイエンス社）
《绣球》（山本武臣著，新科技社）

「日本のあじさい」（一関市観光協会）
《日本的绣球》（一关市观光协会）

「あじさい」（相模原市みどりの協会）
《绣球》（相模原绿化协会）

「週刊花百科あじさい」（講談社）
《周刊花百科 绣球》（讲谈社）

「新日本樹木総検索誌」（杉本順一著、井上書店）
《新日本树木总检索志》（杉本顺一著，井上书店）

Original Japanese title: NHK SHUMI NO ENGEI 12 KAGETSU SAIBAI
NAVI ⑨ AJISAI Copyright

© 2018 KAWARADA Kunihiko

Original Japanese edition published by NHK Publishing, Inc. Simplified
Chinese translation rights arranged with NHK Publishing, Inc. through The English
Agency (Japan) Ltd. and Eric Yang Agency

北京市版权局著作权合同登记 图字：01-2018-6297号。

图书在版编目（CIP）数据

绣球12月栽培笔记 /（日）川原田邦彦著；袁蒙译.
— 北京：机械工业出版社，2019.6（2024.7重印）
（NHK趣味园艺）
ISBN 978-7-111-62548-3

Ⅰ.①绣… Ⅱ.①川… ②袁… Ⅲ.①虎耳草科–观赏园艺 Ⅳ.①S685.99

中国版本图书馆CIP数据核字（2019）第072565号

机械工业出版社（北京市百万庄大街22号 邮政编码100037）
策划编辑：于翠翠　责任编辑：于翠翠　陈　洁
责任校对：孙丽萍　责任印制：李　昂
北京瑞禾彩色印刷有限公司印刷

2024年7月第1版·第7次印刷
148mm × 210mm·3印张·3插页·79千字
标准书号：ISBN 978-7-111-62548-3
定价：35.00元

电话服务　　　　　　　　网络服务
客服电话：010-88361066　机 工 官 网：www.cmpbook.com
　　　　　010-88379833　机 工 官 博：weibo.com/cmp1952
　　　　　010-68326294　金 书 网：www.golden-book.com
封底无防伪标均为盗版　　机工教育服务网：www.cmpedu.com

封面设计
冈本一宣设计事务所

正文设计
山内迦津子、林圣子、
大谷绀
（山内浩史设计室）

封面摄影
田中雅也

正文摄影
伊藤善规 / 今井秀治 /
田中雅也 / 津田孝二 /
成清彻也 / 西川正文 /
蛭田有一 / 福田稔 /
丸山滋

插图
江口明美
太良慈朗（角色插图）

校正
安藤干江 / 高桥尚树

编辑协助
三好正人

策划·编辑
上杉幸大（NHK出版）

采访协助·照片提供
川原田邦彦 / 臼田雅惠 /
小林植物培育基地 /
辻幸浩
长谷寺 / 三上常夫